建筑工人职业技能培训教材

装饰装修工程系列

镶　贴　工

《建筑工人职业技能培训教材》编委会 编

中国建材工业出版社

图书在版编目(CIP)数据

镶贴工 /《建筑工人职业技能培训教材》编委会编
. —— 北京:中国建材工业出版社,2016.8(2017.5 重印)
建筑工人职业技能培训教材
ISBN 978-7-5160-1537-7

Ⅰ. ①镶… Ⅱ. ①建… Ⅲ. ①工程装修—镶贴—技术
培训—教材 Ⅳ. ①TU767

中国版本图书馆 CIP 数据核字(2016)第 145023 号

镶贴工

《建筑工人职业技能培训教材》编委会 编

出版发行:中国建材工业出版社

地　　址:北京市海淀区三里河路 1 号
邮　　编:100044
经　　销:全国各地新华书店
印　　刷:北京雁林吉兆印刷有限公司
开　　本:850mm×1168mm 1/32
印　　张:6.625
字　　数:150 千字
版　　次:2016 年 8 月第 1 版
印　　次:2017 年 5 月第 2 次
定　　价:24.00 元

本社网址:www.jccbs.com　微信公众号:zgjcgycbs
本书如出现印装质量问题,由我社市场营销部负责调换。电话:(010)88386906

前　言

　　《中华人民共和国就业促进法》、国务院《关于加快发展现代职业教育的决定》[国发(2014)19号]、住房和城乡建设部《关于印发建筑业农民工技能培训示范工程实施意见的通知》[建人(2008)109号]、住房和城乡建设部《关于加强建筑工人职业培训工作的指导意见》[建人(2015)43号]、住房和城乡建设部办公厅《关于建筑工人职业培训合格证有关事项的通知》[建办人(2015)34号]等相关文件,对全面提高工人职业操作技能水平,以保证工程质量和安全生产做出了明确的要求。

　　根据住房和城乡建设部就加强建筑工人职业培训工作,做出的"到2020年,实现全行业建筑工人全员培训、持证上岗"具体规定,为更好地贯彻落实国家及行业主管部门相关文件精神和要求,全面做好建筑工人职业技能教育培训,由中国工程建设标准化协会建筑施工专业委员会、黑龙江省建设教育协会、新疆建设教育协会会同相关施工企业、培训单位等,组织了由建设行业专家学者、培训讲师、一线工程技术人员及具有丰富施工操作经验的工人和技师等组成的编审委员会,编写这套《建筑工人职业技能培训教材》。

　　本套丛书主要依据住房和城乡建设部、人力资源和社会保障部发布的《职业技能岗位鉴定规范》《中华人民共和国职业分类大典(2015年版)》《建筑工程施工职业技能标准》《建筑装饰装修职业技能标准》《建筑工程安装职业技能标准》等标准要求,以实现全面提高建设领域职工队伍整体素质,加快培养具有熟练操作技能的技术工人,尤其是加快提高建筑业农民工职业技能水平,保证建筑工程质量和安全,促进广大农民工就业为目标,重点抓住建筑工人现场施工操作技能和安全为核心进行编制,"量身订制"打造了一套适合不同文化层次的技术工人和读者需要的技能培训教材。

　　本套教材系统、全面地介绍了各工种相关专业基础知识、操作技能、安全知识等,同时涵盖了先进、成熟、实用的建筑工程施工技术,还包括了现代新材料、新技术、新工艺和环境、职业健康安全、节能环保等方面的知识,力求做到了技术内容最新、最实用,文字通俗易懂,语言生动简洁,辅以大量直观的图表,非常适合不同层次水平、不同年龄的建筑工人职业技能培训和实际施工操作应用。

丛书共包括了"建筑工程"、"装饰装修工程"、"安装工程"3大系列以及《建筑工人现场施工安全读本》,共25个分册:

一、"建筑工程"系列,包括8个分册,分别是:《砌筑工》《钢筋工》《架子工》《混凝土工》《模板工》《防水工》《木工》和《测量放线工》。

二、"装饰装修工程"系列,包括8个分册,分别是:《抹灰工》《油漆工》《镶贴工》《涂裱工》《装饰装修木工》《幕墙安装工》《幕墙制作工》和《金属工》。

三、"安装工程"系列,包括8个分册,分别是:《通风工》《安装起重工》《安装钳工》《电气设备安装调试工》《管道工》《建筑电工》《中小型建筑机械操作工》和《电焊工》。

本书根据"镶贴工"工种职业操作技能,结合在建筑工程中的实际应用,针对建筑工程施工材料、机具、施工工艺、质量要求、安全操作技术等做了具体、详细的阐述。本书内容包括镶贴工基础知识,镶贴施工机具,普通抹灰,装饰抹灰,墙体镶贴施工,地面镶贴施工,柱体镶贴施工,镶贴工岗位安全常识,相关法律法规及务工常识。

本书对于加强建筑工人培训工作,全面提升建筑工人操作技能水平具有很好的应用价值,不仅极大地提高工人操作技能水平和职业安全水平,更对保证建筑工程施工质量,促进建筑安装工程施工新技术、新工艺、新材料的推广与应用都有很好的推动作用。

由于时间限制,以及编者水平有限,本书难免有疏漏之处,欢迎广大读者批评指正,以便本丛书再版时修订。

编　者

2016 年 8 月　北京

China Building Materials Press

我 们 提 供

图书出版、图书广告宣传、企业/个人定向出版、设计业务、企业内刊等外包、代选代购图书、团体用书、会议、培训，其他深度合作等优质高效服务。

编 辑 部	出版咨询	市场销售	门市销售
010-88386119	010-68343948	010-68001605	010-88386906

邮箱：jccbs-zbs@163.com   网址：www.jccbs.com

发展出版传媒　　服务经济建设

传播科技进步　　满足社会需求

目 录
CONTENTS

第1部分 镶贴工岗位基础知识

一、镶贴工基础知识

1. 镶贴施工基本概念

（1）镶贴饰面的功能。

在建筑装饰中，因建筑物性质及使用功能要求，常用烧成的陶瓷制品如瓷砖、面砖、陶瓷锦砖（陶瓷马赛克）等，天然石材如大理石、花岗石、青石板等，人造石材如人造大理石、人造花岗石及塑料板块制品等中高档建筑装饰材料来镶贴室内外墙、柱面及地面表面，达到完善建筑物的使用功能和丰富观感的目的。另外，还可以用烧结砖、文化石、玻璃砖甚至卵石为材料，用砌贴的方法来分隔室内空间和美化环境。

（2）镶贴施工方法。

镶贴饰面的含义是指施工方法，一般有"镶"和"贴"两种。较大规格的石材上墙采用"挂贴"，较小规格的石材、陶瓷制品或装修地面采用"粘贴"的办法。

（3）工作范围与根本任务。

①镶贴工的工作范围包括室内外抹灰、饰面板（砖）镶贴以及非承重墙砌筑等。

②镶贴工艺操作的根本任务就是照图施工，即通过对相关设计文件和图纸的学习、理解、消化，采用合理的构造组合、材料选择、工艺技术手段，准确地拼图、精密地衔接，使缝格平顺以及

收边和封口角位规矩、相互交圈、结合平整、牢固。

（4）墙体。

墙体是承载屋面结构重量，遮风挡雨，保温隔热，围护和分隔空间的构件。

随着我国墙体革新的推进和节能要求的提高，建筑施工对墙体和屋面的热功与防水性能提出了更高要求。要求外墙与屋面应提高保温、隔热、防水等性能和装饰效果，内隔墙应满足隔声要求，厨房、卫生间应解决隔墙防潮、地面防水问题，各种墙体与屋面均宜减轻自重，耐久可靠，方便施工。

2. 抹灰工作

自从利用石膏、石灰、水泥之后，大泥抹灰就逐渐消失了。

（1）特点及用法。

①水泥抹灰工艺简单，具有易操作、易成型的特点，可以用来创造出随意的曲线。

②抹灰的另一种用法就是在上面作线刻，刻出自由、活泼的各种曲线，从而满足艺术对曲线的表现要求。

（2）抹灰砂浆的种类。

抹灰砂浆的种类很多，按其组成材料不同可分为：水泥砂浆、石灰砂浆、混合砂浆、水泥石渣砂浆、水泥珍珠岩保温砂浆、防水砂浆、聚合物水泥砂浆、麻刀灰、纸筋灰、石膏灰等。

（3）抹灰的作用。

①是当前最好的环保材料，保温、隔热、隔声。

②是很好的装饰性材料。除抹灰易做成浮雕装饰外，可抹成仿砖、仿石材，也可做成水刷石、剁斧石、水磨石、拉条灰、拉毛灰、喷涂、滚涂、弹涂等。

③是涂料、墙纸的基层工艺。

④保护结构。

3.陶瓷制品镶贴

(1)陶瓷镶贴材料是一种很好的装饰材料,完善了抹灰工艺,增加了观赏性、耐久性、易清洗性,也增强了对结构的保护作用。工艺也从砂浆镶贴向胶粘结转移。

(2)随着时代的发展、科技的进步,陶瓷材料自身的花色、品种、性能都发生了极大的改变,在装饰性和实用性方面不断完善,以满足时代的需要。在现代建筑装饰装修工程中应用的陶瓷制品主要是陶瓷墙、地砖、卫生陶瓷、琉璃陶瓷等。其中产量最大、应用最广泛的是陶瓷砖,分为内墙釉面砖、地砖和外墙砖三类产品。

(3)过去,马赛克并不是室内外的装饰形式,而是一种艺术形式,制作时几乎要用绘画和雕刻的方法进行精雕细琢。

(4)今天,对马赛克这个术语(也称为陶瓷锦砖)我们最熟悉的是作为各种样式的建筑物墙壁和地面的装饰材料广泛使用。世界到处都在制造,有各种形状、尺寸和色彩,上釉的陶瓷锦砖基本上是瓷砖的雏形,两者都有陶瓷的性质,从不太硬而又能渗透的陶器到坚硬而又致密的瓷器都有。有高温釉料的瓷器型,既抗冻又耐久,特别适合于室外墙壁表面使用;有低温釉料的陶器型,限于在受到较小磨损的室内表面使用。

(5)无釉陶瓷锦砖可分为玻化的和非玻化的,完全玻化的类型特别耐久又能抗腐蚀,而非玻化类型有渗透性又不太耐久。

(6)使用现代胶粘剂,可把它们固定在任何一种表面上,只要光滑、平整而又符合制造商规定的条件即可。用水泥砂浆作基底的传统方法,在有利的施工条件下可能是最便宜的手段。

4.石材镶贴

石材的应用已有上万年的历史,从有记载的石器时代开始到目前可分为两个阶段。

(1)第一阶段:由于石材坚硬,是天然的结构构件,同时还可以雕刻,多用作墙体。

(2)第二阶段:从用火山灰制成天然混凝土开始,石材就从结构转移到装饰面层,包括地面面层和雕刻品。

二、镶贴施工机具

1.抹灰机具

抹灰工作比较复杂,不仅劳动量大,人工耗用多,同时也会用到相应的机械和手工工具。所需的机械和工具必须要在抹灰开始前准备就绪。

(1)电动工具。

①砂浆搅拌机。砂浆搅拌机是用来搅拌各种砂浆的设备。一般常见的是 200L 和 325L 容量搅拌机(图 1-1)。

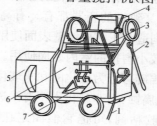

图 1-1　砂浆搅拌机

1—水管;2—上料操纵手柄;3—出料操纵手柄;
4—上料斗;5—变速箱;6—搅拌斗;7—出灰门

　　②混凝土搅拌机。混凝土搅拌机是搅拌混凝土、豆石混凝土、水泥石子浆和砂浆的机械。一般常用 400L 和 500L 容量(图 1-2)。混凝土搅拌机一般要在安装完毕后搭棚,操作在棚中进行。

　　③灰浆机。灰浆机是搅拌麻刀灰、纸筋灰和玻璃丝灰的机械。每一台灰浆机均配有小钢磨和 3mm 筛共同工作。经灰浆机搅拌后的灰浆,直接进入小钢磨,经钢磨磨细后,流入振动筛中,经振筛后流入出灰槽供使用。灰浆机一般也要搭棚,在棚中操作(图 1-3)。

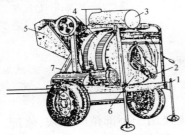

图 1-2　混凝土搅拌机

1—支架;2—出料槽;3—水箍;4—齿轮;
5—料斗;6—鼓筒;7—导轨

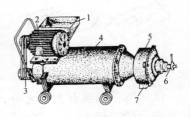

图 1-3　灰浆机

1—进料口;2—电动机;3—皮带;
4—搅拌筒;5—小钢磨;6—螺栓;7—出料口

　　④喷浆泵。喷浆泵分手压和电动两种,用于水刷石施工的喷刷,各种抹灰中基面、底面润湿,及拌制干硬水泥砂浆时加水所用。图 1-4 为手压喷浆泵。

　　⑤卷扬机。卷扬机是配合井字架和升降台一起完成抹灰中灰浆的用料、用具的垂直运输的机械。

　　(2)手工工具。

　　①抹子。抹子按地区不同分为方头和尖头两种;按作用不同分为普通抹子和石头抹子。普通抹子又分铁抹子(打底用)和

钢板抹子(抹面、压光用)。普通抹子有 7.5 寸、8 寸、9.5 寸等多种型号。石头抹子是用钢板做成的,主要是在操作水磨石、水刷石等水泥石子浆时使用,除尺寸比较小(一般为5.5～6寸)外,形状与普通抹子相同(图 1-5)。

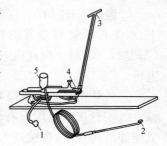

图 1-4　手压喷浆泵
1—吸浆(水)管;2—喷枪头;
3—摇把;4—活塞;5—稳压室

②压子。压子是用弹性较好的钢制成的,主要用于纸筋灰等面层的压光(图 1-6)。

图 1-5　抹子

图 1-6　压子

③鸭嘴。鸭嘴有大小之分,主要用于小部位的抹灰、修理。如外窗台的两端头、双层窗的窗档、线角喂灰等(图 1-7)。

④柳叶。柳叶用于微细部位的抹灰,及用工时间长而用灰量极小的工作。如堆塑花饰、攒线角等(图 1-8)。

图 1-7　鸭嘴

图 1-8　柳叶

⑤勾刀。勾刀是用于管道、暖气片背后用抹子抹不到,而又能看到的部位抹灰的特殊工具,多为自制。可用带锯、圆锯片等制成(图 1-9)。

⑥塑料抹子。塑料抹子外形同普通抹子。可制成尖头或方头。一般尺寸比铁抹子大些。主要是抹纸筋灰等罩面时使用

（图 1-10）。

图 1-9　勾刀

图 1-10　塑料抹子

⑦塑料压子。塑料压子用于纸筋灰面层的压光，作用与钢压子相同，但在墙面稍干时用塑料压子压光，不会把墙压糊（变黑）。这一点优于钢压子，但弹性较差，不及钢压子灵活（图 1-11）。

⑧阴角抹子。阴角抹子是抹阴角时用于阴角部位压光的工具（图 1-12）。

图 1-11　塑料压子

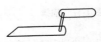

图 1-12　阴角抹子

⑨阳角抹子。阳角抹子是用于大墙阳角、柱、窗口、门口、梁等处阳角捋直、捋光的工具（图 1-13）。

⑩护角抹子。护角抹子是用于纸筋灰罩面时，捋门、窗口、柱的阳角部位水泥小圆角，及踏步防滑条、装饰线等的工具（图 1-14）。

图 1-13　阳角抹子

图 1-14　护角抹子

⑪圆阴角抹子。圆阴角抹子俗称圆旮旯，是用于阴角处捋圆角的工具（图 1-15）。

⑫划线抹子。划线抹子，也叫分格抹子、劈缝溜子，是用于

水泥地面刻画分格缝的工具(图1-16)。

⑬刨锛。刨锛是墙上堵脚手眼打砖,零星补砖,剔除结构中个别凸凹不平部位及清理的工具(图1-17)。

⑭錾子。錾子是剔除凸出部位的工具(图1-18)。

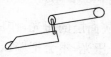

图1-15　圆阴角抹子

图1-16　划线抹子

图1-17　刨锛

图1-18　錾子

⑮灰板。灰板是抹灰时用来托住砂浆的,分为塑料灰板和木质灰板(图1-19)。

⑯大杠。大杠是抹灰时用来刮平涂抹层的工具,依使用要求和部位不同,一般有1.2~4m等多种长度,又依材质不同有铝合金、塑料、木质和木质包铁皮等多种类型(图1-20)。

图1-19　灰板

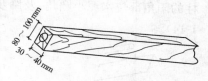

图1-20　大杠

⑰托线板。托线板,俗称弹尺板、吊弹尺,主要是用来做灰饼时找垂直和用来检验墙柱等表面垂直度的工具。一般尺寸为1.5~2cm厚,8~12cm宽,1.5~3m长(常用的为2m)。亦有特制的60~120cm的短小托线板,托线板的长度要依工作内容和

部位来决定。一般工程上有时要用到多种长度不同的托线板(图 1-21)。

⑱靠尺。靠尺是抹灰时制作阳角和线角的工具。分为方靠尺(横截面为矩形)、一面八字靠尺和双面八字靠尺等类型。长度视木料和使用部位不同而定(图 1-22)。

⑲卡子。卡子是用钢筋或有弹性的钢丝做成的工具,主要功能是用来固定靠尺(图1-23)。

图 1-21　托线板

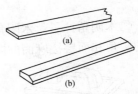

图 1-22　靠尺
(a)方靠尺;(b)八字靠尺

⑳方尺。方尺是测量阴阳角是否方正的量具,分为钢质、木质、塑料等多种类型。使用部位不同尺寸亦不同(图 1-24)。

图 1-23　卡子

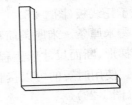

图 1-24　方尺

㉑木模子。木模子简称模子,是扯灰线的工具。一般是依设计图样,用 2cm 厚木板划线后,用线锯锯成形,经修理和包铁皮后而成(图 1-25)。

㉒木抹子。木抹子是抹灰时,对抹灰层进行搓平的工具,有方头和尖头之分(图 1-26)。

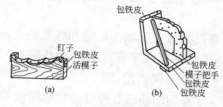

图 1-25　木模子

（a）活模；（b）死模

㉓木阴角抹子。木阴角抹子俗称木三角，是对抹灰时底子灰的阴角和面层搓麻面的阴角搓平、搓直的工具（图 1-27）。

图 1-26　木抹子

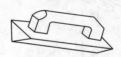

图 1-27　木阴角抹子

㉔缺口木板。缺口木板，是用于较高的墙面做灰饼时找垂直的工具。其由一对同刻度的木板与一个线坠配合工作，作用相当于托线板（图 1-28）。

㉕米厘条。米厘条简称米条，为抹灰分格之用。其断面形状为梯形，断面尺寸依工程要求而异。长度依木料情况不同而不等。使用时短的可以接长，长的可以截短。使用前要提前泡透水（图 1-29）。

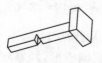

图 1-28　缺口木板

图 1-29　米厘条

㉖灰勺。灰勺是用于舀灰浆、砂浆的工具（图 1-30）。

㉗墨斗。墨斗是找规矩弹线之用,亦可用粉线包代替(图1-31)。

图 1-30　灰勺

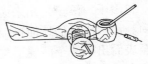

图 1-31　墨斗

㉘剁斧。剁斧是用于斩剁假石的工具(图1-32)。

㉙刷子。刷子是用于抹灰中带水、水刷石清刷水泥浆、水泥砂浆面层扫纹等的工具,分为板刷、长毛刷、鸡腿刷和排刷等类型(图1-33)。

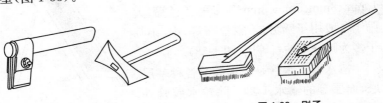

图 1-32　剁斧

图 1-33　刷子

㉚钢丝刷子。钢丝刷子是清刷基层,及清刷剁斧石、扒拉石等干燥后由于施工操作残留的浮尘而用的工具(图1-34)。

㉛小炊把。小炊把是用于打毛、甩毛或拉毛的工具,可用毛竹劈细做成,也可以用草把、麻把代替(图1-35)。

图 1-34　钢丝刷子

图 1-35　小炊把

㉜金刚石。金刚石是用来磨平水磨石面层的工具,分人工用或机械用,又按粗细粒度不同分为若干号(图1-36)。

㉝滚子。滚子是用来滚压各种抹灰地面面层的工具,又称滚筒。经滚压后的地面可以增加密实度,也可把较干的灰浆辗压至表面出浆便于面层平整和压光(图1-37)。

图1-36　金刚石

图1-37　滚子

㉞筛子。抹灰用的筛子按用途不同可分为大、中、小三种,按孔隙大小可分为10mm、8mm、5mm、3mm等多种孔径筛,大筛子一般用于筛分砂子、豆石等,中、小筛子多为筛分干粘石等用(图1-38)。

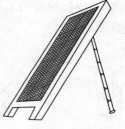

图1-38　筛子

㉟水管。水管是浇水润湿各种基层、底、面层等的输水工具。除输水胶管外,还有塑料透明水管,在抹灰工程中常以小口径的透明水管为抄平工具,其准确率高,误差极小。

㊱其他工具。其他工具是指一些常用的运送灰浆的两轮、独轮小推车,大、小水桶,灰槽、灰锹、灰镐、灰耙及检查工具的水平尺、线坠等多种工具。由于在实际工作中都要用到,所以要一应齐备,不可缺少。

2.陶瓷、石材施工机具

(1)电动工具。

①无齿锯。无齿锯是用于切割各种饰面板块的机械(图1-39)。

②云石机。云石机即为便携式无齿锯,作用与无齿锯相同

（图 1-40）。

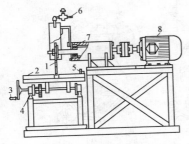

图 1-39 无齿锯

1—锯片；2—可移动台板；3—摇手柄；4—导轨；

5—靠尺；6—进水阀；7—轴承；

8—电动机

图 1-40 云石机

③冲击钻。冲击钻是可调式旋转带冲击的电钻。当把旋钮调到纯旋转位置，装上钻头就像普通电钻一样，如把旋钮调到冲击位置，装上镶硬质合金的冲击钻头就可以对混凝土钻孔，多用于建筑装饰及安装水、电、煤气等方面（图 1-41）。

④电锤。在国外称其为冲击钻。也兼备冲击和旋转两种功能。见图 1-42使用硬质合金钻头，在砖石、混凝土上打孔时钻头旋转兼冲击，操作人无须施加压力。广泛用于混凝土基体上钻孔安装膨胀螺栓（图 1-42）。

冲击钻

图 1-41 冲击钻

电锤

图 1-42 电锤

⑤型材切割机。主要根据砂轮磨削原理，利用高速旋转的薄片

砂轮切割各种型材。速度快、生产效率高、切断面平整(图 1-43)。

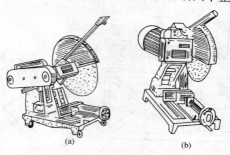

图 1-43　型材切割机

(a)J3G-400 型普通砂轮切割机；(b)J3GS-300 型双速砂轮切割机

⑥单盘式水磨石机。单盘式水磨石机主要用来磨光水磨石地面，混凝土地面面层。图 1-44 为单盘式水磨石机构造图。

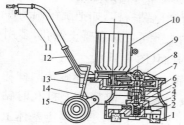

图 1-44　单盘式水磨石机

1—磨石；2—砂轮座；3—夹胶帆布垫；
4—弹簧；5—连接盘；6—橡胶密封；
7—大齿轮；8—传动主轴；9—电机齿轮；
10—电动机；11—开关；12—扶手；
13—升降齿条；14—调节架；15—走轮

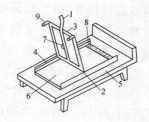

图 1-45　手动切割器

1—压把；2—轴；3—压板；4—滑道；5—底盘；
6—胶板；7—合金刀片；8—标尺；9—胶头

(2)手动工具。

①手动切割机。手动切割机专用于切割饰面砖，见图 1-45。

手握手压柄,将要切割的饰面砖按已调整好的标尺位置,下压手压柄,使合金钢刀片对正饰面砖切割线,前后沿滑边推拉,将饰面砖表面划出口纹,然后抬起压柄,翻转饰面砖将口纹对正压板,扳动手压柄用力压饰面砖即按纹线断裂。可使饰面砖切割顺直。

②打眼器。打眼器见图 1-46。

③饰面用手工工具。饰面用手工工具见图 1-47。

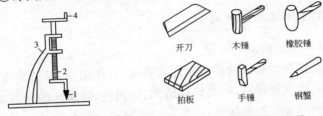

图 1-46　打眼器

1—合金钢尖;2—调整螺钉;

3—金属架;4—摇把

图 1-47　饰面用手工工具

第2部分 镶贴工岗位操作技能

一、普通抹灰

1. 抹灰砂浆拌制

（1）抹灰砂浆的性能。

①抹灰砂浆以薄层抹于建筑表面，其作用是：保护墙体不受风、雨、潮气等侵蚀，提高墙体防潮、防风化、防腐蚀的能力，增加墙体的耐火性和整体性；同时使墙面平整、光滑、清洁美观。

②为了便于施工，保证抹灰的质量，要求抹灰砂浆比砌筑砂浆有更好的和易性，同时，还要求能与底面很好地粘结。

③抹灰砂浆一般用于粗糙和多孔的底面，其水分易被底面吸收，因此抹面时除将底面基层湿润外，还要求抹面砂浆必须具有良好的保水性，组成材料中的胶凝材料和掺合料比砌筑砂浆多。

④对砌筑砂浆的要求主要是强度，而对抹灰砂浆的要求主要是与底面材料的粘结力。所以，对砌筑砂浆就如混凝土一样，用质量配合比控制，对抹灰砂浆则既可用质量比，亦可用体积比来控制，为提高粘结力，需多用些胶凝材料。

⑤为保证抹灰表面平整，避免出现裂缝、脱落，抹灰砂浆常分底、中、面三层抹，各层抹灰要求不同，所用砂浆的成分和稠度也不相同。

a.底层砂浆主要起与基层的粘结作用。砖墙底层抹灰，多用石灰砂浆,有防水、防潮要求时用水泥砂浆;板条或板条顶棚的底层抹灰,多用混合砂浆或石灰砂浆;混凝土墙、梁、柱、顶板等底层抹灰,多用混合砂浆。

b. 中层砂浆主要起找平作用,用于中层抹灰,多用混合砂浆或石灰砂浆。

c. 面层砂浆主要起装饰作用,多采用细砂配制的混合砂浆、麻刀石灰浆或纸筋石灰浆。

⑥在容易碰撞或潮湿地方应采用水泥砂浆,可用1:2.5(水泥:砂)水泥砂浆。

(2)砂浆配合比。

①抹面砂浆的流动性和骨料的最大粒径可参考表2-1。

②不同配合比砂浆应用范围见表2-2。

表2-1　　　　　　　　　　抹面砂浆流动性及骨料最大粒径

抹面层名称	沉入度(cm)(人工抹面)	砂的最大粒径(mm)
底层	10～12	2.6
中层	7～9	2.6
面层	7～8	1.2

表2-2　　　　　　　　　　各种抹面砂浆配合比和应用范围

材料	配合比(体积比)	应用范围
石灰:砂	1:2～1:4	用于砖石墙表面(檐口、勒角、女儿墙以及潮湿房间的墙除外)
石灰:黏土:砂	1:1:4～1:1:8	干燥环境的墙表面
石灰:石膏:砂	1:0.4:2～1:1:3	用于不潮湿房间的木质地面
石灰:石膏:砂	1:0.6:2～1:1.5:3	用于不潮湿房间的墙及天花板
石灰:石膏:砂	1:2:2～1:2:4	用于不潮湿房间的线脚及其他修饰工程

续表

材料	配合比(体积比)	应用范围
石灰∶水泥∶砂	1∶0.5∶4.5~1∶1∶5	用于檐口、勒脚、女儿墙、外墙以及比较潮湿的地方
水泥∶砂	1∶3~1∶2.5	用于浴室、潮湿房间等墙裙、勒脚等或地面基层
水泥∶砂	1∶2~1∶1.5	用于地面、天棚或墙面面层
水泥∶砂	1∶0.5~1∶1	用于混凝土地面随时压光

(3)砂浆制备。

①砂浆制备。抹灰砂浆宜用机械搅拌,当砂浆用量很少且缺少机械时,才允许人工拌合。

采用砂浆搅拌机搅拌抹灰砂浆时,每次搅拌时间为 1.5~2min。搅拌水泥混合砂浆,应先将水泥与砂干拌均匀后,再加石灰膏和水搅拌至均匀为止。搅拌水泥砂浆(或水泥石子浆),应先将水泥与砂(或石子)干拌均匀后,再加水搅拌至均匀为止。

采用麻刀灰拌合机搅拌纸筋石灰浆和麻刀石灰浆时,将石灰膏加入搅拌筒内,边加水边搅拌,同时将纸筋或麻刀分散均匀地投入搅拌筒,直到拌匀为止。

人工拌合抹灰砂浆,应在平整的水泥地面上或铺地钢板上进行,使用工具有铁锹、拉耙等。拌合水泥混合砂浆时,应将水泥和砂干拌均匀,堆成中间凹四周高的砂堆,再在中间凹处放入石灰膏,边加水边拌合至均匀。拌合水泥砂浆(或水泥石子浆)时,应将水泥和砂(或石子)干拌均匀,再边加水边拌合至均匀。

②砂浆稠度。拌成后的抹灰砂浆,颜色应均匀,干湿应一致,砂浆的稠度应达到规定的稠度值。

砂浆稠度测定方法:将砂浆盛入桶内,用一个标准圆锥体

（重 300g），先使其锥尖接触砂浆面，垂直提好，再突然放手，使圆锥体沉入砂浆中，10s 后，圆锥体沉入砂浆中的深度（mm）即为砂浆稠度。常用抹灰砂浆稠度为60～100mm。

2. 墙面抹灰基本要求

抹灰工程由于部位、基层的不同，所用的砂浆也不同。如墙基层分普通黏土砖墙、蒸汽砖墙、泡沫加气混凝土墙、陶粒砖（板）墙、石墙、混凝土墙、木板条墙等。相应的砂浆也有水泥砂浆、石灰砂浆、混合砂浆等多种。虽然种类繁多，但抹灰的技术操作也有其共性，都要经过挂线、做灰饼、充筋等找规矩的工作。再依据灰饼的厚度做好门、窗口护角，抹好踢脚、窗台。然后可依据做好的灰饼进行充筋、装档、刮平、搓平等一系列打底工作。最后再进行罩面压光、养护等工作。学习抹灰就要掌握抹灰工作的一系列施工程序和对不同基层的不同处理方法，以及特殊的基层处理方法。

3. 砖砌体内墙抹灰

砖墙抹灰分为抹石灰砂浆和水泥砂浆。砖墙抹石灰砂浆分石灰砂浆打底，纸筋灰罩面；石灰砂浆打底，石灰砂浆罩面；石灰砂浆打底，石膏浆罩面等多种。砖墙抹水泥砂浆一般面层多采用水泥砂浆抹面。

（1）工艺流程（图 2-1）。

浇水湿润、做灰饼、挂线 → 充筋、装档 → 做门窗护角 → 窗台 → 踢脚 → 罩面

图 2-1　砖砌体内墙抹灰工艺流程

（2）浇水湿润、做灰饼、挂线。

①浇水湿润墙基层的作用是使抹灰层能与基层较好地连接

避免空鼓的重要措施,浇水可在做灰饼前进行,亦可在做完灰饼后第二天进行。浇水一定要适度,浇水多时容易使抹灰层产生流坠、变形,凝结后造成空鼓;浇水不足时,在施工中砂浆干得过快,粘结不牢固,不易修理,进度下降,且消耗操作者体能。

②做灰饼、挂线的方法是依据用托线板检查墙面的垂直度和平整度来决定灰饼的厚度。如果是高级抹灰,不仅要依据墙面的垂直度和平整度,还要依据找方来决定灰饼的厚度。

a. 做灰饼时要在墙两边距阴角 10~20cm 处,2m 左右的高度各做一个大小为 5cm 见方的灰饼。

b. 再用托线板挂垂直,依上边两灰饼的出墙厚度,在与上边两灰饼的同一垂线上,距踢脚线上口 3~5cm 处,各做一个下边的灰饼。要求灰饼表面平整,不能倾斜、扭翘,上下两灰饼要在一条垂线上。

c. 然后在所做好的四个灰饼的外侧,与灰饼中线相平齐的高度各钉一个小钉。在钉上系小线,要求线要离开灰饼面1mm,并要拉紧。再依小线做中间若干灰饼。

d. 中间灰饼的厚度也应距小线 1mm 为宜。各灰饼的间距可以自定。一般以 1~1.5m 为宜。上下相对应的灰饼要在同一垂线上。

e. 灰饼的操作见图 2-2。

③如果墙面较高(3m 以上)时,要在距顶部 10~20cm,距两边阴角 10~20cm 的位置各做一个上边的灰饼,而后上、下两人配合用缺口木挂垂直做下边的灰饼。由于墙身较高,上、下两饼间距比较大,可以通过挂竖线的方法在中间适当增加灰饼(图 2-3),方法同横向挂线。

(3)充筋、装档。

手工抹灰一般充竖筋,机械抹灰一般充横筋。以手工抹灰为例,充筋时可用充筋抹子(图 2-4),也可以用普通铁抹子。

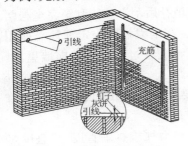

图 2-2　灰饼挂线充筋示意

图 2-3　用缺口木板做灰饼示意

①充筋所用砂浆与底子灰相同,以 1∶3 石灰砂浆为例,具体方法是在上、下两个相对应的灰饼间抹上一条宽 10cm,略高于灰饼的灰梗,用抹子稍压实,而后用大杠紧贴在灰梗上,上右下左或上左下右地错动直到刮

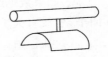

图 2-4　充筋抹子

至与上下灰饼齐平。把灰梗两边用大杠切齐,然后用木抹子竖向搓平。如果刚抹完的灰梗吸水较慢时,要多抹出几条灰梗,待前边抹好的灰梗已吸水后,开始从前向后逐条刮平、搓平。

②装档可在充筋后适时进行。若过早进行,充的筋太软在刮平时易变形,若过晚进行,充筋已经收缩,依此收缩后的筋抹出的底子灰收缩后易出现墙面低洼,充筋处突出的现象。所以要在充筋稍有强度,不易被大杠轻刮而产生变形时进行。一般约为 30min 左右,但具体要依现场情况(气候和墙面吸水程度)而定。

③装档要分两遍完成,第一遍薄薄地抹一层,视吸水程度决定抹第二遍的时间。第二遍要抹至与两边充筋一平。

④抹完后用大杠依两边充筋,从下向上刮平。刮时要依左上→右上→左上→右上的方向抖动大杠。也可以从上向下依左

下→右下→左下→右下的方向刮平。

⑤如有低洼的缺灰处要及时填补后刮平。待刮至完全与两边筋一平时,稍待用木抹子搓平。在刮大杠时一定要注意所用的力度,只把充筋作为依据,不可把大杠过分用力地向墙里捺,以免刮伤充筋。

⑥如果有刮伤充筋的情况,要及时先把伤筋填补上灰浆,修理好后方可进行装档。

⑦待全部完成后要用托线板和大杠检查垂直度、平整度是否在规范允许范围内。

⑧如果数据超出验收规范时,要及时修理。要求底子灰表面平整,没有大坑、大包、大砂眼;有细密感、平直感。

(4)抹护角。

①抹墙面时,门窗口的阳角处为防止碰撞而损坏,要用水泥砂浆做出护角。方法是:

a. 先在门窗口的侧面抹1:3水泥砂浆后,在上面用砂浆反粘八字靠尺或直接在口侧面反卡八字靠尺。使外边通过拉线或用大杠靠平的方法与所做的灰饼一平、上下吊垂直。

b. 然后在靠尺周边抹出一条5cm宽,厚度以靠尺为据的一条灰梗。

c. 用大杠搭在门窗口两边的靠尺上把灰梗刮平,用木抹子搓平。拆除靠尺刮干净,正贴在抹好的灰梗上,用方尺依框的子口定出稳尺的位置,上下吊垂直后,轻敲靠尺使之粘住或用卡子固定。随之在侧面抹好砂浆。

d. 在抹好砂浆的侧面用方尺找出方正,划捺出方正痕迹,再用小刮尺依方正痕迹刮平、刮直,用木抹子搓平,拆除靠尺,把灰梗的外边割切整齐。

e. 待护角底子六七成干时,用护角抹子在做好的护角底子的夹角处捋一道素水泥浆或素水泥略掺小砂子(过窗纱筛)的水泥护角。也可根据需要直接用1∶3水泥砂浆打底,1∶2.5水泥砂浆罩面压光口角。单抹正面小灰梗时要略高出灰饼 2mm,以备墙面的罩面灰与正面小灰梗一平(图2-5)。

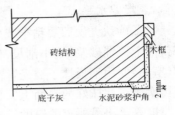

图 2-5　门窗口角做法

②抹水泥砂浆压光口角(护角)。

a. 可以在底层水泥砂浆抹完后第二天抹面层 1∶2.5 水泥砂浆,也可在打底完稍收水后即抹第二遍罩面砂浆。

b. 在抹罩面灰时,阳角要找方,侧面(膀)与框交接部的阴角要垂直,要与阳角平行。抹完后用刮尺刮平,用木抹子搓平,用钢抹子溜光。

c. 如果吸水比较快,要在搓木抹子时适当洒水,边洒水边搓,要搓出灰浆来,稍收水后用钢板抹子压光,用阳角抹子把阳角捋光。

d. 随手用干刷子把框边残留的砂浆清扫干净。

(5)抹窗台。

室内窗台的操作往往是结合抹窗口阳角一同施工,也可以随做护角时只打底,而后单独进行面板和出沿的罩面抹灰,但方法相同。具体做法如下:

①先在台面上铺一层砂浆,然后用抹子基本摊平后,就在这层砂浆上边反粘八字靠尺,使尺外棱与墙上灰饼一平,然后依靠尺在窗台下的正面墙上抹出一条略宽于出沿宽度的灰条。并把灰条用大杠依两边墙上的灰饼刮平,用木抹子搓平,随即取下靠尺贴在刚抹完的灰条上,用方尺依窗框的子口定出靠尺棱的高

低,靠尺要水平。

②确认无误后要粘牢或用卡子卡牢靠尺,随后依靠尺在窗台面上摊铺砂浆,用小刮尺刮平,用木抹子搓平,要求台面横向(室内)要用钢板抹子溜光,待稍吸水后取下靠尺,把靠尺刮干净再次放正在抹好的台面上。要求尺的外棱边突出灰饼,突出的厚度等于出沿要求的厚度。

③另外取一方靠尺,要求尺的厚度等于窗台沿要求的厚度。把方靠尺卡在抹好的正面灰条上,高低位置要比台面低出相当于出沿宽度的尺寸,一般为5~6cm。如果房间净空高度比较低,也可以把出沿缩减到4cm宽。台面上的靠尺要用砖压牢,正面的靠尺要用卡子卡稳。这时可在上下尺的缝隙处填抹砂浆。

④如果砂浆吸水较慢,可以先薄抹一层后,用干水泥粉吸一下水。刮去吸水后的水泥粉,再抹一层后用木抹子搓平,用钢抹子溜光。

⑤待吸水后,用小靠尺头比齐,把窗台两边的耳朵上口与窗台面一平切齐,用阴角抹子捋光。取下小靠尺头再换一个方向把耳朵两边出头切齐。一般出头尺寸与沿宽相等,即两边耳朵要呈正方形。

⑥最后用阳角抹子把阳角捋光,用小鸭嘴把阳角抹子捋过的印迹压平。表面压光,沿的底边要压光。

⑦室内窗台一般用1∶2水泥砂浆。

(6)抹踢脚、墙裙。

①踢脚、墙裙一般多在墙面底子灰施工后,罩面纸筋灰施工前进行施工。

②也可以在抹完墙面纸筋灰后进行施工。但这时抹墙面的石灰砂浆要抹到离踢脚、墙裙上口3~5cm处切直切齐。下部

结构要清理干净,不能留有纸筋灰浆。这样施工比较麻烦,而且影响墙面美观。因为在抹完踢脚、墙裙后要接补留下的踢脚、墙裙上口的纸筋灰接槎,只有在不得已情况下,如为抢工期等才采用该施工方法。

③常规做法如下:

a. 根据灰饼厚度,抹高于踢脚或墙裙上口 3～5cm 的 1:3 水泥砂浆(一般墙面石灰砂浆打底要在踢脚、墙裙上口留 3～5cm,这样恰好与墙面底子灰留槎相接),作底子灰。底子灰要求刮平、刮直、搓平,要与墙面底子灰一平并垂直。

b. 然后依给定的水平线返至踢脚、墙裙上口位置,用墨斗弹上一周封闭的上口线。

再依弹线用纸筋灰略掺水泥的混合纸筋灰浆把专用的5mm厚塑料板粘在弹线上口,高低以弹线为准,用大杠靠平,拉小线检查调整。

c. 无误后,在塑料板下口与底子灰的阴角处用素水泥浆抹上小八字。这样做既能稳固塑料板,又能使抹完的踢脚、墙裙在拆掉塑料板后上口好修理,修理后上棱角挺直、光滑、美观。在小八字抹完吸水后,随即抹 1:2.5 水泥砂浆,厚度与塑料板平齐,竖向要垂直。

d. 抹完后用大杠刮平,如有缺灰的低洼处要随时补齐后,再用大杠刮平,而后用木抹子搓平,用钢板抹子溜光,如果吸水较快,可在搓平时,边洒水边搓平,如果不吸水则要在抹面时分成两遍抹,抹完第一遍后用干水泥吸过水刮掉,然后再抹第二遍。在吸水后,面层用手指捺,手印不大时,再次压光。

e. 然后拆掉塑料板,将上口小阳角用靠尺靠住(尺棱边与阳角一平)。用阴角抹子把上口捋光。取掉靠尺后用专用的踢脚、墙裙阳角抹子,把上口边捋光、捋直,用抹子把捋角时留下的印迹压光。把相邻两面墙的踢脚、墙裙阴角用阴角抹子捋光。最后通压一遍。踢脚和墙裙要求立面垂直,表面光滑平整,线角清晰、丰满、平直,出墙厚度均匀一致。

(7)纸筋灰罩面。

①纸筋灰罩面应在底子灰完成第二天开始进行施工。

②罩面施工前要把使用的工具,如抹子、压子、灰槽、灰勺、灰车、木阴角、塑料阴角等刷洗干净。

③要视底子灰颜色而决定是否浇水润湿和浇水量的大小。如果需要浇水,可用喷浆泵从上至下通喷一遍,喷浇时注意踢脚、墙裙上口的水泥砂浆底子灰上不要喷水,这个部位一般不吸水。

④踢脚、窗台等最好用浸过水的牛皮纸粘盖严密,以保持清洁。

⑤罩面时应把踢脚、墙裙上口和门、窗口等用水泥砂浆打底的部位,用水灰比小一些的纸筋灰先抹一遍,因为这些部位往往吸水较慢。

⑥罩面应分两遍完成。

a.第一遍竖抹,要从左上角开始,从左到右依次抹去,直到抹至右边阴角完成。再转入下一步架,依然是从左向右抹,第一遍要薄薄抹一层。用铁抹子、木抹子、塑料抹子均可以。一般要把抹子放陡一些刮抹,厚度不超过 0.5mm,每相邻两抹子的接槎要刮严。第一遍刮抹完稍吸水后可以抹第二遍。

b.在抹第二遍前,最好把相邻两墙的阴角处竖向抹出一抹子纸筋灰。这样做既可以防止相邻墙面底子灰的砂粒进入抹好的纸筋灰面层中,又可以在抹完第一面墙后就能在压光的同时及时把阴角修好。在抹第二遍时要把两边阴角处竖向先抹出一抹子宽后,溜一下光,然后用托线板检查一下,如有问题及时修正好,再从上到下,从左向右横抹中间的面层灰。

⑦两层总厚度不超过 2mm,要求抹得平整,抹纹平直,不要划弧,抹纹要宽,印迹应轻。

⑧抹完后用托线板检查垂直度、平整度,如果有突出的小包可以轻轻向一个方向刮平,不要往返刮。有低洼处要及时补上灰,接槎要压平。一般情况下要按"少刮多填"的原则,能不刮的就不刮,尽量采用填补找平,全部修理好后要溜一遍光,再用长木阴角抹子把两边阴角捋直,用塑料阴角抹子溜光。

⑨随后,用塑料压子或钢皮压子把捋阴角的印迹压平,把大面通压一遍。这遍要横走抹子,要走出抹子花(即抹纹)来,抹子花要平直,不能波动或划弧,最好是通长走(从一边阴角到另一边阴角—抹子走过去),抹子花要尽量宽,即"几寸抹子,几寸印"。

⑩最后把踢脚、墙裙等上口保护纸揭掉,把踢脚、墙裙及窗台、口角边用水泥砂浆打底的不易吸水部位修理好。要求大面平整、颜色一致,抹纹平直,线角清晰,最后把阳角及门、窗框上污染的灰浆擦干净交活。

(8)刮灰浆罩面。

刮灰浆罩面比较薄,可以节约石灰膏。但一般只适用于要求不高的工程上。它是在底层灰浆尚未干,只稍收水时,用素石灰膏刮抹入底层中无厚度或不超过 0.3mm 厚度的一种刮浆操作。刮灰浆罩面的底子灰一定要用木抹子搓平。刮面层素浆时一定要适时,太早易造成底子灰变形,太晚则素浆勒不进底子灰中也不利于修理和压光。一般以底子灰在抹子抹压下不变形而又能压出灰浆时为宜。面层灰刮抹完后,随即溜一遍光,稍收水后,用钢板抹子压光即可。

(9)石膏灰浆罩面。

石膏的凝结速度比较快,所以在抹石膏浆墙时,一般要在石膏浆内掺入一定量的石灰膏或菜胶、角胶等,以使其缓凝,利于操作。

①石膏浆的拌制要有专人负责,随用随拌,一次不可拌合过多,以免造成浪费。

②拌制石膏浆时,要先把缓凝物和水拌成溶液。再用窗纱筛把石膏粉放入筛中筛在溶液内,边筛边搅动以免产生小颗粒。

③石膏浆抹灰的底层与纸筋灰罩面的底层相同,采用1∶3石灰砂浆打底。

④面层的操作一般为三人合作,一人在前抹浆,一人在中间修理,一人在后压光。面层分两遍完成,第一遍薄薄刮一层,随后抹第二遍,两遍要垂直抹,也可以平行抹。一般第二遍为竖向抹,因为这样利于三人流水作业。

⑤面层的修理、压光等方法可参照纸筋灰罩面。

(10)水砂罩面。

①水砂罩面是高级抹灰的一种,其面层有清凉、爽滑感。水砂含盐,所以在拌制灰浆时要用生石灰现场淋浆,热浆拌制,以便使水砂中的盐分挥发掉。灰浆要一次拌制,充分熟化一周以上方可使用。

②操作方法基本同石膏罩面,需要两人配合,一人在前涂抹,一人在后修理、压光。

③涂抹时用木抹子为好,特别是使用多次后的旧木抹子。

④压光则用钢板抹子。最后用钢压子压光,要边洒水边竖向压光,阴角部位要用阴角抹子捋光。

⑤要求线角清晰美观,面层光滑平整、洁净,抹纹顺直。

(11)石灰砂浆罩面。

石灰砂浆罩面是在底层砂浆收水后立即进行或在底层砂浆干燥后,浇水润湿再进行均可。

①石灰砂浆罩面的底层用 1∶3 石灰砂浆打底,方法同前。

②面层用 1∶2.5 石灰砂浆抹面。

a.抹面前要视底子灰干燥程度酌情浇水润湿,然后先在贴近顶棚的墙面最上部抹出一抹子宽的面层灰。

b.再用大杠横向刮直,缺灰处及时补平,再刮平,待完全符尺时用木抹子搓平,用钢抹子溜光,然后在墙两边阴角同样抹出一抹子宽的面层灰,用托线板找垂直,用大杠刮平,木抹子搓平,钢抹子溜光。

c.如果一面墙只有一人抹,墙面较宽,一次揽不过来时,可只先做左边阴角的一抹子宽灰条,等抹到右边时再做右边灰条。

③抹中间大面时要以抹好的灰条作为标筋,一般是横向抹,也可竖向抹。抹时一抹子接一抹子,接槎平整,薄厚一致,抹纹顺直。

④抹完一面墙后,用大杠依标筋刮平,缺灰的要及时补上,用托线板挂垂直。

⑤无误后,用木抹子搓平,用钢板抹子压光,如果墙面吸水较快,应在搓平时,边洒水边搓,要搓出灰浆。压光后待表面稍吸水时再次压光。当抹子上去印迹不明显时做最后一次压光。

⑥相邻两面墙都抹完后,阴角要用刷子甩水,将木阴角抹子端稳,放在阴角部上下通搓,搓直、搓出灰浆,而后用铁阴角抹子捋光,用抹子把通阴角留下的印迹压平。

⑦石灰砂浆罩面的房间一般门窗护角要做成用水泥砂浆直接压光的,可以随抹墙一同进行也可以提前进行。

a.如果是提前进行,可参照护角的做法,但抹正面小灰梗条时要考虑抹面砂浆的厚度。

b.如果是随抹墙一同做时,要在护角的侧面用 1∶2.5 水泥砂浆反粘八字靠尺,使尺外棱与墙面面层厚度一致,然后吊垂直。抹墙时把尺周边 5cm 处改用1：2.5水泥砂浆,修理压光后取下八字靠尺刷干净,反贴在正面抹好的水泥砂浆灰条上,依框的子口用方尺决定靠尺棱的位置,挂吊垂直后卡牢,再抹侧小面(方法同前)。

4. 砖砌体外墙抹灰

砖墙抹水泥砂浆一般多用在工业建筑和民宅的室外。在工业厂房或民宅室外抹水泥砂浆时,由于墙体的跨度大,墙身高,接槎多,所以施工有一定难度。特别是水泥砂浆吸水比较快,不便操作,所以要求操作者需要具有一定的技术水平、操作速度和施工经验。

(1)工艺流程(图 2-6)。

浇水湿润 → 做灰饼、挂线 → 充筋、装档 → 镶米厘条 → 罩面

图 2-6　砖砌体外墙抹灰工艺流程

(2)浇水湿润。

抹灰前基层表面的尘土、污垢、油渍等都应先清除干净,再洒水进行润湿。一般是在抹灰前一天,用软管或胶皮管或喷壶顺墙自上而下浇水湿润。通常是每天浇两次。

砖墙抹水泥砂浆与抹石灰砂浆相比,对基层进行浇水湿润的问题更为关键。因为水泥砂浆比石灰砂浆吸水的速度快得多。有经验的技术工人可以依季节、气候、气温及结构的干湿程度等,比较准确地估计出浇水量。如果没有把握时,可以把基层浇至基本饱和程度后,夏季施工时第二天可开始打底;春、秋季施工时要过两天后进行打底。也可以根据浇水后砖墙的颜色来判断浇水的程度是否合适。所谓抹水泥砂浆较难,其实就难在掌握火候(吸水速度)上。

（3）做灰饼、挂线。

①由于水泥砂浆抹灰往往在室外施工与室内抹灰比较，有跨度大、墙身高的特点。所以在做灰饼时要多采用缺口木板，做上、下两个，两边共四个灰饼。操作时要先抹上灰饼，再抹下灰饼。两边的灰饼做完后，要挂竖线依上下灰饼，做中间若干灰饼。

②然后再横向挂线做横向的灰饼。每个灰饼均要离线1mm，竖向每步架不少于一个，横向以 1～1.5m 的距离为宜，灰饼大小为 5cm 见方，要与墙面平行，不可倾斜、扭翘。做灰饼的砂浆材料与底子灰相同，采用 1∶3 水泥砂浆。

（4）充筋、装档操作。

①充筋、装档可参照石灰砂浆的方法。

②由于外墙面极大，参与的施工人员多，可以用专人在前充筋，后跟人装档。

③充筋要有计划，在速度上，要与装档保持相应的距离；在量上，要以每次下班前能完成装档为准，不要做隔夜标筋。以及控制好充筋与装档的距离时间，一般以标筋尚未收缩，但装档时大杠上去不变形为度。这样形成一个小流水，比较有节奏，有次序，工作起来有轻松感。

④在装档打底过程中遇有门窗口时，可以随抹墙一同打底，也可以把离口角一周 5cm 及侧面留出来先不抹，派专人在后抹，这样施工比较快。门窗口角的做法可参考前边门窗护角做法。

⑤如遇有阳角大角要在另一面反贴八字靠尺，尺棱边出墙与灰饼一平，靠尺粘贴完要挂垂直，然后依尺抹平、刮平、搓平。做完一面后，翻尺正贴在抹好的一面，做另一面，方法相同。

（5）镶米厘条。

室外抹水泥砂浆一般为了防止面积过大、不便施工操作和砂浆收缩产生裂缝，达到所需要的装饰效果等原因，常采用分格的做法。

①分格多采用镶米厘条的方法。

②米厘条的截面尺寸一般由设计而定。

③粘贴米厘条时要在打底层上依设计分格，弹分格线。分格线要弹在米厘条的一侧，不能居中，一般水平条多弹在米厘条的下口（不粘靠尺的弹在上1：3），竖直条多弹在米厘条的右边。而且也要和打底子一样，竖向在大墙两边大角拉垂直通线，线与墙底子灰的距离，和米厘条的厚度加粘米厘条的灰浆厚度一致。横向在每根米厘条的位置也要依两边大角竖线为准拉横线。

④粘米厘条时应该在竖条的线外侧、横条的线下依线先用打点法粘一根靠尺作为依托标准，而后在其上（侧）粘米厘条，粘米厘条时先在米厘条的背面刮抹一道素水泥浆，而后依线或靠尺把米厘条粘在墙上，然后在米厘条的一侧抹出小八字灰条，等小八字灰吸水后起掉靠尺把另一面也抹上小八字灰。

⑤镶好的米厘条表面要与线一平。米厘条在使用前要捆在一起浸泡在米厘条桶内，也可以用大水桶浸泡，浸泡时要用重物把米厘条压在水中泡透。泡米厘条的目的是，米厘条干燥后会因水分蒸发而产生收缩，这样易取出；另外，米厘条刨直后容易产生变形影响使用，而浸泡透的米厘条比较柔软，没有弹性，可以很容易调直，并且米厘条浸湿后，在抹面时，米厘条边的砂浆能修压出较尖直的棱角，取出米厘条后，分格缝的棱角比较清晰美观。

⑥粘贴米厘条可以分隔夜和不隔夜两种。不隔夜条抹小八字灰时，八字的坡度可以放缓一些，一般为45°。隔夜条的小八

字灰抹时要放得稍陡一些,一般
为 60°(图 2-7)。

（6）罩面。

大面的米厘条粘贴完成后,
可以抹面层灰,面层灰要从最上
一步架的左边大角开始。

①大角处可在另一面抹
1:2.5 水泥砂浆,反粘八字靠
尺,使靠尺的外边棱与粘好的米
厘条一平。

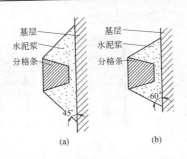

图 2-7　镶米厘条打灰的角度示意
(a)不隔夜条;(b)隔夜条

②在抹面层灰时,有时为了与底层粘结牢固,可以在抹面
前,在底子灰上刮一道素水泥粘结层,紧跟抹面层 1:2.5 水泥
砂浆罩面,抹面层时要依分格块逐块进行,抹完一块后,用大杠
依米厘条或靠尺刮平,用木抹子搓平,用钢板抹子压光。

③待收水后再次压光,压光时要把米厘条上的砂浆刮干净,
使之能清楚地看到米厘条的棱角。

④压光后可以及时取出米厘条。方法是用鸭嘴尖扎入米厘
条中间,向两边轻轻晃动,在米厘条和砂浆产生缝隙时轻轻提
出,把分格缝内用溜子溜平、溜光,把棱角处轻轻压一下。

⑤米厘条也可以隔日取出,特别是隔夜条不可马上取出,要
隔日再取。这样比较保险而且也比较好取。因为米厘条干燥收
缩后,与砂浆产生缝隙,这时只要用刨锛或抹子根轻轻敲振后即
可自行跳出。

⑥室外墙面有时为了颜色一致,在最后一次压光后,可以用
刷子蘸水或用干净的干刷子,按一个方向在墙面上直扫一遍。
要一刷子挨一刷子,不要漏刷,使颜色一致,微有石感。

⑦室外的门窗口上脸底要做出滴水。滴水的形式有鹰嘴、

滴水线和滴水槽(图 2-8)。

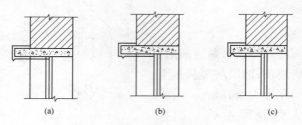

图 2-8　滴水的形式
(a)鹰嘴;(b)滴水线;(c)滴水槽

a. 鹰嘴是在抹好的上脸底部趁砂浆未终凝时,在上脸阳角的正面正贴八字靠尺,使尺外边棱比阳角低 8mm,卡牢靠尺后,用小圆角阴角抹子,把 1∶2 水泥砂浆(砂过 3mm 筛)填抹在靠尺和上脸底的交角处,抹时要填抹密实、抒光。取下靠尺后修理正面,使之形成弯弧的鹰嘴形滴水。

b. 滴水线是在抹好的上脸底部距阳角 3～4cm 处划一道与墙面的平行线。按线卡上一根短靠尺在线里侧,然后用护角抹子,把 1∶2 水泥细砂子灰,按着靠尺将抹出一道突出底面的半圆形灰柱的滴水线。

c. 滴水槽是在抹上脸底前,在底部底子灰上,距阳角 3～4cm 处粘一根米厘条,而后再抹灰。等取出米厘条后形成一道凹槽称为滴水槽。

⑧在抹室外(如工业厂房之类)较大的墙面时,由于没有米厘条的控制,平整度、垂直度不易掌握时,可以在打好底的底子灰的阴角处竖向挂出垂直线,线离底子灰的距离要比面层砂浆多 1mm。这时可依线在每步架上都用碎瓷砖片抹灰浆做一个饼,做完两边竖直方向后,改横线,做中间横向的饼。

⑨抹面层灰时,可以依这些小饼直接抹也可以先充筋再抹。

在抹完刮平后可挖出小瓷砖饼,填上砂浆一同压光。

⑩由于墙面比较大,有时一天完不成,需要留槎,槎不要留在与脚手板一平处,因为这个部位不便操作容易出问题,要留在脚手板偏上或偏下的位置。而且槎口处横向要刮平、切直,这样比较好接。接槎时应在留槎上刷一道素水泥浆,随后先抹出一抹子宽砂浆,用木抹子把接口处搓平,接槎要严密、平整。然后,用钢板抹子压光后再抹下边的砂浆。

5.混凝土墙抹水泥砂浆

(1)工艺流程(图2-9)。

基层处理 → 喷水润湿 → 吊直、套方、找规矩、贴灰饼、冲筋 → 抹底层砂浆

→ 弹线分格、嵌分格条 → 抹面层砂浆、起分格条 → 抹滴水线(槽) → 养护

图2-9　混凝土墙抹水泥砂浆的工艺流程

(2)基层处理。

混凝土墙面一般外表比较光滑,且带模板隔离剂,容易造成基层与抹灰层脱鼓,产生空裂现象,所以要做基层处理。

①在抹灰前要对基层上所残留的隔离剂、油毡、纸片等进行清除。油毡、纸片等要用铲刀铲除掉,对隔离剂要用10%的火碱(氢氧化钠)水清刷后,用清水冲洗干净。

②对墙面突出的部位要用錾子剔平。

③过于低洼处要在涂刷界面剂后,用1:3水泥砂浆填齐补平。

④对比较光滑的表面,应用刨锛、剁斧等进行凿毛,凿完毛的基层要用钢丝刷子把粉尘刷干净。

(3)浇水湿润。

抹灰前,要浇水湿润,一般要提前一天进行浇水湿润时最好使用喷浆泵。

（4）抹结合层。

抹结合层在第二天进行。

①结合层可采用 15％～20％水质量的水泥 108 胶浆，稠度为 7～9 度。也可以用 10％～15％水质量的乳液，拌合成水泥乳液聚合物灰浆，稠度为 7～9 度。

②用小笤帚头蘸灰浆，垂直于墙面方向甩粘在墙上，厚度控制在 3mm，也可以在灰浆中略掺细砂。

③甩浆要有力、均匀，不能漏甩，如有漏甩处要及时补上。

④结合层的另一种做法是，不用甩浆法，而是前边有人用抹子薄薄刮抹一道灰浆，后边紧跟用 1∶3 水泥砂浆刮抹一层 3～4mm 厚的铁板糙。

⑤结合层做完后，第二天浇水养护。养护要充分，室内采用封闭门窗喷水法，室外要有专人养护，特别是夏季，结合层不得出现发白现象，养护不少于 48h。

⑥待结合层有一定强度后方可进行找平。

（5）其他工序。

其他工序参照砌体墙抹灰的做法。

做灰饼、充筋、装档、刮平、搓平，而后在上边划痕以利粘结。抹面层前也要养护，并在抹面层砂浆前先刮一道素水泥。粘结层后紧跟着抹面层砂浆。

🌙 6. 板条、苇箔、钢板网墙面抹灰

板条、苇箔、钢板网墙面，在抹灰前要检查一下板条等钉得是否牢固，平整度如何。不合适的要进行适当的加固和调整。

（1）工艺流程（图 2-10）。

$$\boxed{粘结层} \rightarrow \boxed{过渡层} \rightarrow \boxed{找平层} \rightarrow \boxed{罩面层} \rightarrow \boxed{面层}$$

图 2-10　板条、苇箔、钢板网墙面抹灰工艺流程

(2)粘结层。

由于板条、苇箔及钢板网与砂浆的粘结力很差,所以在抹砂浆找平层前要先抹粘结层,粘结层采用掺加 10%石灰质量的水泥调制成的水泥石灰麻刀灰浆。

①板条和钢板网用灰的稠度值以小一点为好,一般为 4～6 度。

②而苇箔由于缝隙小,质地软,需要轻一点抹。所以其灰浆的稠度值要稍大一些,一般为 7～8 度。

③板条基层的粘结层要横着抹,苇箔要顺着抹,使灰浆挤入缝隙中,在里边形成蘑菇状,以防止抹灰层脱落。

(3)过渡层。

抹完水泥石灰麻刀灰浆后,用 1：3 石灰砂浆(砂过3mm 筛),俗称小砂子灰,薄薄抹一层,要勒入麻刀灰浆中无厚度。

(4)找平层。

待底子灰六七成干时(一般在第二天),用 1：2.5 石灰砂浆找平,用托线板挂垂直,用刮尺刮平,用木抹子搓平,钢板网的粘结层也可用 1：2：1 水泥石灰砂浆略掺麻刀,中层找平用1：3：9水泥石灰混合砂浆,面层亦可用1：3：9 混合灰浆或纸筋灰浆。

(5)罩面层。

罩面要在找平层六七成干时进行,罩面前,视找平层颜色决定是否洒水润湿,然后开始罩面,面层一般分两道完成,两道灰要互相垂直抹,以增加抹灰层的拉结力。

(6)面层。

面层的具体操作方法可参照砖墙抹石灰砂浆中纸筋灰罩面部分。

(7)细部做法。

①板条、苇箔、钢板网墙面抹灰时遇有门窗洞口时,要在抹粘结层灰前,用头上系有 20～30cm 长麻丝的小钉,钉在门窗洞口侧面木方上。

②在刮抹粘结层灰浆时,把麻钉的麻刀呈燕翅形粘在粘结层上,刮小砂子灰时,可用 1：3 水泥砂浆略加石灰麻刀浆或 1：1：4 混合砂浆略掺麻刀。中层找平可用 1：3 水泥砂浆或 1：0.3：3 混合砂浆略掺麻刀。面层用 1：2.5 水泥砂浆或 1：0.3：3 混合砂浆抹护角。

③墙体下部的踢脚线或墙裙所用灰浆各层的配合比可同护角。但底、中两层要抹至踢脚、墙裙上口 3～5cm 处。护角和踢角、墙裙的操作方法,可参照本章第一节的护角及踢角、墙裙做法。

④一般板条、苇箔、钢板网的门窗洞口侧面比较狭窄,有时只有 2～3cm 宽或更窄一些。这时要有意识地稍厚出 1～2mm,然后在口角处用大杠向侧面相反的方向刮平后,再用刚抹好的正面灰正粘八字靠尺,吊垂直、粘牢后抹侧面的灰,抹完后可以用木阴角抹子依框和靠尺通直,搓平后用钢板抹子或阴角抹子捋光。取下靠尺吸水后用阳角抹子捋直、捋光阳角,压去印迹即可。

7. 加气混凝土墙面抹灰

加气板、加气砖抹灰按面层材料不同,可分为水泥砂浆抹灰、混合砂浆抹灰、石灰砂浆抹灰和纸筋灰抹灰。

(1)工艺流程(图 2-11)。

清扫基层 → 浇水湿润 → 修补勾缝 → 刮糙 → 罩面 → 修理、压光

图 2-11　加气混凝土墙面抹灰工艺流程

(2)操作要点。

①加气板、加气砖抹灰前要把基层的粉尘清扫干净。

②由于加气板、加气砖吸水速度比红砖慢,所以可采用两次浇水的方法。即第一次浇水后,隔半天至一天后,浇第二遍。一般要达到吃水 10mm 左右。

③把缺棱掉角比较大的部位和板缝用 1:0.5:4 的水泥石灰混合砂浆修补、勾平。

④待修补砂浆六七成干时,用掺加 20% 水质量的 108 胶水涂刷一遍,也可在胶水中掺加一部分水泥。紧跟刮糙,刮糙厚度一般为 5mm,抹刮时抹子要放陡一些。刮糙的配比要视面层用料而定。如果是水泥砂浆面层,刮糙用 1:3 水泥砂浆,内略加石灰膏,或用石灰水搅拌水泥砂浆。如果是混合灰面层,刮糙用 1:1:6 混合砂浆,而石灰砂浆或纸筋灰面层时,刮糙可用 1:3 石灰砂浆略掺水泥。

⑤在刮糙六七成干时可进行中层找平,中层找平的做灰饼、充筋、装档、刮平等程序和方法可参照前文的有关部分。采用的配合比应分别为:水泥砂浆面层的中层用 1:3 水泥砂浆;混合砂浆面层的中层用 1:1:6 或 1:3:9 混合砂浆;石灰砂浆面层和纸筋灰面层的中层找平用 1:3 石灰砂浆。

⑥待中层灰六七成干时可进行面层抹灰。水泥砂浆面层采用 1:2.5 水泥砂浆;混合砂浆面层采用 1:3:9 或 1:0.5:4 混合砂浆;石灰砂浆面层采用 1:2.5 石灰砂浆。各种面层抹压的操作程序和方法见本章第一节的相关内容,这里不再重复。

8. 木板条吊顶抹灰

(1)工艺流程(图 2-12)。

检查修正、弹线 → 钉麻钉 → 抹粘结层 → 刮小砂子灰 → 抹中层灰 → 抹面层灰

图 2-12　木板条吊顶抹灰工艺流程

(2)顶棚抹灰前要搭设架子。凡净高在 3.6m 以下的架子要求抹灰工自己搭设,架高大约以人在架上头顶离棚顶 8～10cm为宜。脚手板间距不大于50cm,板下平杆或凳子的间距不大于 2m。

(3)抹顶棚可以横抹,也可以纵抹。

①纵抹是指抹子的走向与前进方向平行,纵抹时要站成丁字步,一脚在前,一脚在后。抹子打上灰后,由头顶向前推抹,抹子走在头上时身体稍向后仰,后腿用力。抹子推到前边时,重心前移,身体向前以前腿用力。从身体的左侧一趟一趟向右移。抹完一个工作面后向前移一大步,进入下一个工作面,继续操作。

②横抹是指抹子的运动走向与前进方向相垂直。横抹分拉抹和推抹,横抹时两腿叉开呈并步,抬头挺胸身体微向后仰。抹子打灰后,拉抹是从头上的左侧向右侧拉抹。推抹是从头上右侧向左侧推抹。一般来说拉抹速度稍快,但费力,而推抹速度稍慢,但比较省力。在抹大面时多采用横抹,抹到接近阴角时可采用纵抹。

(4)抹顶棚打灰时,每抹子不能打得太多,以免掉灰,每两趟间的接槎要平整、严密,相邻两人的接槎,走在前边的人要把槎口留薄一些,以利后边的人接槎顺平。

(5)木板条吊顶抹灰前,要悉心对吊顶进行检查。看一下平整度是否符合要求,缝宽是否过大或过小,板条有无松动、不牢固的部位,如发现问题应及时修整好。然后,在近顶的四周墙上弹一圈封闭的水平线,作为抹顶棚时找规矩的依据。

(6)如果顶棚面积较大,为了保证抹灰层与基层粘结牢固、不起鼓脱落,往往要采用钉麻钉的措施。方法是用 20～30cm长的麻丝系在小钉子帽上,按每20～30cm 一个的间距,钉在顶棚的龙骨上。每相邻两行的麻钉要错开 1/2 间距长度,使钉好的麻钉呈梅花形分布。

(7)木板条吊顶抹灰的头道灰为粘结层。

①粘结层用 10％左右水泥掺拌成的水泥石灰麻刀灰浆,垂直于板条缝抹。粘结层灰浆的稠度值要相对小一些,因为稠度值大的灰浆中水分含量也大;板条遇水易膨胀,干燥后又收缩,而且稠度值过大时,抹完后在板条缝隙部的灰浆易产生垂度,从而影响平整度。一般灰浆稠度值应控制在 4～5 度为宜。如果板缝稍大,应该控制在 3～4 度为好。

②抹粘结层灰浆时,抹子运行得不要太快,以利于把灰浆能够充分挤入板缝中,使之能在板缝上端形成一个蘑菇状,以增强灰浆的粘结力。

(8)在抹完底层粘结层后,把麻钉上的麻丝以燕翅形粘在粘结层灰浆中。再用 1∶3 石灰砂浆(砂过 3mm 筛),薄薄地贴底层刮一道(俗称刮小砂子灰),要勒入底层中无厚度,主要是为了与下一层的粘结。

(9)待底层六七成干时,用 1∶2.5 石灰砂浆做中层找平。中层找平要先从四周阴角边开始,先把四周边抹出一抹子宽的灰条,用软尺刮平,木抹子搓平,而后以四周抹好的灰条为标筋,再抹中间大面的中层找平灰。抹时可依房间的大小由两人或多人并排站立于架上,一般多采用横抹的推抹子抹法,一字形并排向前抹,每两人间的接槎要平缓,抹在前的人要把槎口留成坡形,以利接槎。抹完后要用软尺顺平,用木抹子搓平或用笤帚扫出纹来。中层厚度为 6mm。

(10)待中层找平六七成干时,用纸筋灰罩面,面层一般分两遍抹,两遍应相互垂直抹,这样可以增加抹灰层的拉结力。第一遍一般纵抹,要薄薄刮一层,每两趟之间的灰浆棱迹要刮压平,不可有高起现象,第二遍要横抹,可以推抹子,也可以拉抹子。但要先把周边抹出一条一抹子宽的灰条,抹完溜一下平。然后从一面开始向另一面抹。每两趟之间和两人之间的接槎要平整。抹子纹要走直,厚度控制在 2mm 之内。

(11)关于修理、压光等可参照纸筋灰罩面的相关内容。

9. 钢板网吊顶抹灰

钢板网吊顶抹灰是指在顶棚部装吊大、小龙骨后,上表钉装钢板网吊顶的抹灰。

(1)钢板网吊顶抹灰前要对吊顶进行检查。如平整度是否符合要求和钢板网是否装钉牢固,有无起鼓现象。如有问题要及时修整。

(2)钢板网吊顶抹灰的头道粘结层可采用掺加麻刀灰总量10%的水泥拌合的混合麻刀浆(可略掺过 3mm 筛的细砂子);或用一份水泥、三份麻刀灰和两份细砂子拌合的混合麻刀砂浆。稠度为 3~4 度,刮抹入钢板网的缝隙中。

(3)粘结层抹完后,用配比为 1:1:4 的混合砂浆(砂过3mm筛),勒入底层无厚度,待底面干至六七成时,用 1:3:9 水泥石灰混合砂浆做中层找平。

(4)待中层找平六七成干时可用纸筋灰罩面。中层找平和面层罩面的方法可参照本书木板条吊顶抹灰的相应方法进行操作。

10. 水泥砂浆地面抹灰

(1)工艺流程(图 2-13)。

基层清理 → 浇水湿润 → 弹水平线 → 洒水扫浆 → 做灰饼 → 充筋 → 装档刮平 → 分层压光 → 养护

图 2-13 水泥砂浆地面抹灰工艺流程

（2）基层清理、浇水。

水泥砂浆地面依垫层不同可以分为混凝土垫层和焦渣垫层的水泥砂浆抹灰。在混凝土垫层上抹水泥砂浆地面时，抹灰前要把基层上残留的污物用铲刀等剔除掉。必要时要用钢丝刷子刷一遍，用笤帚扫干净，提前一两天浇水湿润基层。如果有误差较大的低洼部位，要在润湿后用 1∶3 水泥砂浆填补平齐。用木抹子搓平。

（3）弹线。

抹灰开始前要在四周墙上依给定的标高线，返至地坪标高位置，在踢脚线上弹一圈水平控制线，作为地面找平的依据。

（4）洒水扫浆。

抹地面应采用 1∶2 水泥砂浆，砂子应以粗砂为好，含泥量不大于 3％。水泥最好使用强度等级为 42.5 级的普通水泥，也可用矿渣水泥。砂浆的稠度应控制在 4 度以内。在大面抹灰前应先在基层上洒水扫浆。方法是先在基层上洒干水泥粉后，再洒上水，用笤帚扫均匀。干水泥用量以 1kg/m² 为宜，洒水量以全部润湿地面，但不积水，扫过的灰浆有黏稠感为准。扫浆的面积要有计划，以每次下班（包括中午）前能抹完为准。

（5）做灰饼。

①抹灰时如果房间不太大，用大杠可以横向搭通者，要以四周墙上的弹线为据，在房间的四周先抹出一圈灰条作标筋。抹好后用大杠刮平，用木抹子稍加拍实后搓平，用钢板抹子溜一下光。而后从里向外依标筋的高度，摊铺砂浆，摊铺的高度要比四周的筋稍高 3～5mm，再用木抹子拍实，用大杠刮平，用木抹子搓平，用钢抹子溜光。

依此方法从里向外依次退抹，每次后退留下的脚印要及时用抹子翻起，搅和几下，随后再依前法刮平、搓平、溜光。

②如果房间较大时,要依四周墙上弹线,拉上小线,依线做灰饼。做灰饼的小线要拉紧,不能有垂度,如果线太长时中间要设挑线。做灰饼时要先做纵向(或横向)房间两边的,两行灰饼间距以大杠能搭及为准。然后以两边的灰饼再做横向的(或纵向)灰饼。

灰饼的上面要与地平面平行,不能倾斜、扭曲。做饼也可以借助于水准仪或透明水管。做好的灰饼均应在线下 1mm,各饼应在同一水平面上,厚度应控制在 2cm。

(6)充筋。

灰饼做完后可以充筋。充筋长度方向与抹地面后退方向平行。相邻两筋距离以 1.2~1.5mm 为宜(在做灰饼时控制好)。做好的筋面应平整,不能倾斜、扭曲,要完全符合灰饼。各条筋面应在同一水平线上。

(7)装档刮平。

然后在两条筋中间从前向后摊铺灰浆。灰浆经摊平、拍实、刮平、搓平后,用钢板抹子溜一遍。这样从里向外直到退出门口,待全部抹完后,表面的水已经下去时,再铺木板上去从里到外用木杠边检查,(有必要时再刮平一遍)边用木抹子搓平,钢板抹子压光。这一遍要把灰浆充分揉出,使表面无砂眼,抹纹要平直,不要划弧,抹纹要轻。

(8)分层压光。

待到抹灰层完全收水,(终凝前)抹子上去纹路不明显时,进行第三遍压光。各遍压光要及时、适时,压光过早起不到每遍压光应起到的作用。压光过晚时,抹压比较费力,而且破坏其凝结硬化过程的规律,对强度有影响。压光后的地面的四周踢脚上要清洁,地面无砂眼,颜色均匀,抹纹轻而平直,表面洁净光滑。

24h 后浇水养护,养护最好铺锯末或草袋等覆盖物。养护期内不可缺水，要保持潮湿，最好封闭门窗，保持一定的空气湿度。养护期不少于五昼夜，七天后方可上人，亦要穿软底鞋，也不可搬运重物和堆放铁管等硬物。

11. 豆石混凝土地面抹灰

豆石混凝土多用在预制钢筋楼板上，作为地面面层。豆石混凝土所用的水泥应以强度等级为 42.5 级的普通水泥为好，矿渣水泥次之。砂子以粗砂为好，含泥量不大于 3%，豆石要洗净晾干，含泥量不大于 2%，并且不得含有草根、树叶等杂物。灰浆配合比为水泥：砂子：豆石＝1：2：4，稠度值不大于 4 度。铺抹厚度为 3.5cm，面层洒干粉的配合比为 1：1 水泥细砂（砂过 3mm 筛）。

（1）工艺流程（图 2-14）。

基层清理 → 浇水湿润 → 弹水平线 → 洒水扫浆 → 做灰饼 → 充筋 →

装档刮平 → 撒干粉刮平 → 分层压光 → 养护

图 2-14　豆石混凝土地面抹灰工艺流程

（2）抹灰前，要对基层进行清理，把残留的灰浆、污物剔除掉，用钢丝刷子刷一遍，清扫掉尘土，浇水湿润，湿润最好提前一两天进行。如果相邻两块楼板误差较大时，要提前用 1：3 水泥砂浆垫平、搓毛，并要在四周踢脚线上以地面设计标高，弹上一圈封闭的水平线，作为地面找平的依据。

（3）抹灰开始时要对基层进行洒水扫浆，方法同水泥砂浆地面，亦不能有积水现象，并且扫浆量要有计划。

①如果房间不大，用大杠能搭通时，抹铺要先从四周边开始。先在四周边各抹出 30cm 左右宽度的一条灰梗，用大杠刮平，用木抹子搓平，用钢板抹子溜一下光。

②如果房间较大时，用大杠不能搭通时要适当增加灰饼然

后依灰饼充筋。在有地漏的房间要找好泛水,做灰饼和充筋的方法和要求,与地面抹水泥砂浆中的做灰饼和充筋的方法相同。

③小房间的边筋和大房间的做灰饼充筋完成后,要从里向外摊铺豆石混凝土。摊铺时要边铺边拍实、刮平、搓平和溜光。

④待抹完一个房间或抹完一定面积后,用1:1水泥砂子干粉,在抹好的豆石混凝土表面均匀地撒上一层。待干粉吸水后,表面水分稍收时,用大刮杠把表面刮平。刮平时,要抖动手腕把灰浆全部振出。然后用木抹子搓平,用钢抹子溜一遍。等表面的水分再次全部沉下去,人上去脚印不大时,脚下垫木板压第二遍。第二遍要压平、压实,把表面的砂眼全部压实,抹纹要直、要浅。边压边把洒干粉时残留在墙边、踢脚上的灰粉刮掉,压在地面中。待全部收水后,(终凝前)抹子走上去没有明显的抹纹时进行第三遍压光。压光后应进行养护,养护的方法和要求与水泥砂浆地面养护的方法相同。

12.环氧树脂自流平地面抹灰

(1)工艺流程(图 2-15)。

清理地面 → 滚(刮)涂底漆 → 刮环氧腻子 → 打磨 → 涂面漆 → 面漆的打磨 → 涂刷环氧罩光漆

图 2-15 环氧树脂自流平地面抹灰工艺流程

(2)清理地面。将地面上的尘土、脏物等清理干净,并用吸尘器进一步吸干净。

(3)滚(刮)涂底漆。用纯棉辊子,从里边阴角依次均匀滚涂直至门口,也可以用刮板依次刮涂。

(4)刮环氧腻子。当底漆涂刷后 20h 以上时可以进行下一道环氧腻子的刮涂。刮涂环氧腻子是将环氧底漆与石英粉搅拌成糊状,用刮板刮在底漆上,刮时每道要刮平,刮板纹越浅越好,视底层平整度及工程的要求一般要刮 2~3 道,每道间隔时间视干燥程度而定,一般干至上人不留脚印即可。

(5)打磨。环氧腻子刮完后要用砂纸进行打磨,打磨可分道打磨。若每道腻子刮得都比较平整,可以只在最后一道时打磨。分道打磨时要在每道磨完后用潮布把粉尘清洁干净。

(6)涂面漆。当完成底层腻子的打磨、清理晾干后即可以进行面漆的涂饰。面漆是将环氧底漆与环氧色漆按 1:1 的比例搅拌均匀后滚涂两遍以上,每遍间要有充分的干燥时间。完成最后一道后,要间隔 28h 以上再进行下一道的打磨。

(7)面漆的打磨。换用 200 目的细砂纸对面漆进行打磨。打磨一定要到位,借助光线检查,要无缕光,星光越少越好。然后用潮布擦抹干净(为提高清理速度,并防止潮布中的水分过多进入面漆,擦抹前可先用吸尘器吸一下打磨的粉末),晾干。

(8)涂刷环氧罩光漆。面漆晾干后可进行地面罩光漆的施工。方法是用甲组分物料涂刷两遍。第二天即干燥,但要等到自然养护 7d 以上才能达到强度。

(9)要求成品表面洁净、色泽一致、光亮美观。表面平整度用 2m 靠尺、楔形塞尺检查,尺与墙面空隙不超过 2mm。

13. 楼梯踏步抹灰

(1)工艺流程(图 2-16)。

$$\boxed{基层清理} \rightarrow \boxed{弹线找规矩} \rightarrow \boxed{打底子} \rightarrow \boxed{罩面}$$

图 2-16　楼凝踏步抹灰工艺流程

(2)楼梯踏步抹灰前,应对基层进行清理。对残留的灰浆进行剔除,面层过于光滑的应进行凿毛,并用钢丝刷子清刷一遍,洒水湿润。并且要用小线依梯段踏步最上和最下两步的阳角为准拉直,检查一下每步踏步是否在同一条斜线上,如果有过低的要事先用1∶3水泥砂浆或豆石混凝土,在涂刷粘结层后补齐,如果有个别高的要剔平。

(3)在踏步两边的梯帮上弹出一道与梯段平行,高于各步阳角1.2cm的打底控制斜线,再以打底控制斜线为据,向上平移1.2cm弹出踏步罩面厚度控制线,两道斜线要平行。

(4)打底子。

①打底时,在湿润过的基层上先刮一道素水泥或掺加15%水质量的水泥108胶浆,紧跟着用1∶3水泥砂浆打底。方法是先把踏面抹上一层6mm厚的砂浆,或是先把近阳角处7~8cm处的踏面至阳角边抹上6mm厚的一条砂浆。然后用八字靠尺反贴在踏面的阳角处粘牢,或用砖块压牢,用1∶3水泥砂浆依靠尺打出踢面底子灰。

②如果踢面的结构是垂直的,打底也要垂直。如果原结构是倾斜的,每段踏步上若干踢面要按相同的倾斜度涂抹。抹好后,用短靠尺刮平、刮直,用木抹子搓平。然后取掉靠尺,刮干净后,正贴在抹好的踢面阳角处,高低与梯帮上所弹的控制线一平并粘牢,而后依尺把踏面抹平,用小靠尺刮平,用木抹子搓平。

③要求踏面水平,阳角两端要与梯帮上的控制线一平。如上方法依次下退抹第二步、第三步,直至全部完成。为了与面层较好地粘结,有时可以在搓平后的底子灰上划纹。

(5)罩面。

打完底子后,可在第二天开始罩面,如果工期允许,可以在底子灰抹完后用喷浆泵喷水养护两三天后罩面更佳。

①罩面采用1∶2水泥砂浆。抹面的方法基本同打底相同。只是在用木抹子搓平后要用钢板抹子溜光。

②抹完三步后,要进行修理,方法是从第一步开始,先用抹子把表面揉压一遍,要求揉出灰浆,把砂眼全部填平,如果压光

的过程中有过干的现象时可以边洒水边压光;如果表面或局部有过湿易变形的部位时,可用干水泥或 1:1 干水泥砂子拌合物吸一下水,刮去吸过水的灰浆后再压光。

③压过光后,用阳角抹子把阳角捋直、捋光。再用阴角抹子把踏面与踢面的相交阴角和踏面、踢面与梯帮相交的阴角捋直、捋光。而后用抹子把捋过阴角和阳角所留下的印迹压平,再把表面通压一遍交活。

④依此法再进行下边三步的抹压、修理,直至全部完成。

(6)如果设计要求踏步出沿时,应在踏面抹完后,把踢面上粘贴的八字靠尺取掉,刮干净后,正贴在踏面的阳角处,使靠尺棱突出抹好的踢面 5mm,另外取一根 5mm 厚的塑料板(踢脚线专用板),在踢面离上口阳角的距离等于设计出沿宽度的位置粘牢。然后在塑料板上口和阳角粘贴的靠尺中间凹槽处,用罩面灰抹平压光。拆掉上部靠尺和下部塑料板后将阴、阳角用阴、阳角抹子捋直、捋光,立面通压一遍交活。

(7)设防滑条。

①如果设计要求踏步带防滑条时,打底后在踏面离阳角 2~4cm 处粘一道米厘条,米厘条长度应每边距踏步帮 3cm 左右,米厘条的厚度应与罩面层厚度一致(并包括粘条灰浆厚度),在抹罩面灰时,与米厘条一平。待罩面灰完成后隔一天或在表面压光时起掉米厘条。

②另一种方法是在抹完踏面砂浆后,在防滑条的位置铺上刻槽靠尺(图2-17),用划缝溜子(图 2-18),把凹槽中的砂浆挖出。

③待踏步养护期过后,用 1:3 水泥金刚砂浆把凹槽填平,并用护角抹子把水泥金刚砂浆捋出一道凸出踏面的半圆形小灰条的防滑条来,捋防滑条时要在凹槽边顺凹槽铺一根短靠尺作为防滑条找直的依据。

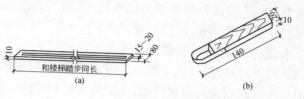

图 2-17　刻槽靠尺(mm)

④抹防滑条的水泥金刚砂浆稠度值要控制在 4 度以内，以免防滑条产生变形，在施工中，如感到灰浆不吸水时，可用干水泥吸水后刮掉，再捋直、捋光。待防滑条吸水后，在

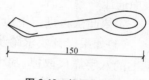

图 2-18　镏子(mm)

表面用刷子把防滑条扫至露出砂粒即可。

(8)养护。

楼梯踏步的养护应在最后一道压光后的第二天进行。要在上边覆盖草袋、草帘等以保持草帘潮湿为度，养护期不少于 7d。10d 以内上人要穿软底鞋，14d 内不得搬运重物在梯段中停滞、休息。为了保证工程质量，楼梯踏步一般应在各项工程完成后进行。

(9)高级工程楼梯踏步。

如果是高级工程要求做水磨石踏步时，在找规矩时要求更为严格，一般要在打底前弹踏步控制斜线时，考虑每步踏步的踏面尺寸要相等，每步踏步的梯面高度尺寸要一致。所以要在所弹的踏步控制斜线上，匀分斜线。方法如下：

①以每个梯段最上一步和最下一步的阳角间斜线长度为斜线总长(但要注意最下一步梯面的高度一定要与其他梯面高度一致)，用总长除以踏步的步数减 1 所得的商，为匀分后踏步斜线上每段的长度。以这个长度在斜线上分别找出匀分线段的

点,该点即为所对应的每步踏步阳角的位置。

②在抹灰的操作中,踏面在宽度方向要水平,踢面要垂直(斜踢面斜度要一致),这样既可保证要求的所有踏面宽度相等,踢面高度尺寸一致。防滑条的位置应采用镶米厘条的方法留槽,待磨光后,再起出米厘条镶填防滑条材料。

14. 细部抹灰

(1)外墙勒脚抹灰。

一般采用 1∶3 水泥砂浆抹底层、中层,用 1∶2 或 1∶2.5 水泥砂浆抹面层。无设计规定时,勒脚一般在底层窗台以下,厚度一般比大墙面厚 50~60mm。

首先根据墙面水平基线用墨线或粉线包弹出高度尺寸水平线,定出勒脚的高度,并根据墙面抹灰的大致厚度,决定勒脚的厚度。凡阳角处,需用方尺规方,最好将阳角处弹上直角线。

规矩找好后,将墙面刮刷干净,充分浇水湿润,按已弹好的水平线,将八字靠尺粘嵌在上口,靠尺板表面正好是勒脚的抹灰面。抹完底层、中层灰后,先用木抹子搓平、扫毛、浇水养护。

待底层、中层水泥砂浆凝结后,再进行面层抹灰,采用 1∶2 水泥砂浆抹面,先薄薄刮一层,在抹第二遍时与八字靠尺抹平。拿掉八字靠尺板,用小阳角抹蘸上水泥浆捋光上口,随后用抹子整个压光交活。

(2)外窗台抹灰。

窗台按其位置分为外窗台和内窗台。按装修形式分为清水窗台和混水窗台。清水窗台,侧立砖斜砌,然后用 1∶1 水泥细砂浆勾缝。混水窗台,将砖平砌,后用水泥砂浆抹灰。

①抹灰形式。为了有利于排水,外窗台应做出坡度。抹灰的混水窗台往往用丁砖平砌一皮的砌法,平砌砖低于窗下槛一

皮砖。一种窗台突出外墙 60mm,两端伸入窗台间墙 60mm,然后抹灰,见图 2-19(a)、(b);另一种是不出砖檐,而是抹出坡檐,见图 2-19(c)。

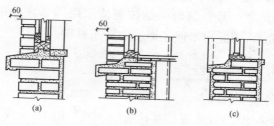

图 2-19　外窗台抹灰

(a)、(b)突出窗台抹法;(c)坡檐抹法

②找规矩。抹灰前,要先检查窗台的平整度,以及与左右、上下相邻窗台的关系,即高度与进出是否一致;窗台与窗框下槛的距离是否满足要求(一般为 40～50mm),发现问题要及时调整或在抹灰时进行修正。再将基体表面清理干净,洒水湿润,并用水泥砂浆将窗台下槛的间隙填满嵌实。抹灰时,应将砂浆嵌入窗下槛的凹槽内,特别是窗框的两个下角处,若处理不好容易造成窗台渗水。

③施工要点。外窗台一般采用 1:2.5 水泥砂浆作底层灰,1:2 水泥砂浆罩面。窗台抹灰操作难度大,因为一个窗台有五个面,八个角,一条凹档,一条滴水线或滴水槽,其抹灰质量要求表面应平整光洁,棱角清晰,与相邻窗台的高度要一致。横竖都要成一条线,排水流畅,不渗水,不湿墙。

窗台抹灰时,应先打底灰,厚度为 10mm,其顺序是:先立面,后平面,再底面,最后侧面,抹时先用钢筋夹头将八字靠尺卡住。上灰后用木抹子搓平,虽是底层,但也要求棱角清晰,为罩面创条件。第二天再罩面,罩面用 1:2 水泥砂浆,厚度为 5～

8mm,根据砂浆的干湿稠度,可连续抹几个窗台,再搓平压光。

后用阳角抹子挮光,在窗下槛处用圆阴角挮光,以免下雨时向室内渗水。

(3)滴水槽、滴水线。

外窗台抹灰在底面一般都做滴水槽或滴水线,以阻止雨水沿窗台往墙面上淌。滴水线一般适用于镶贴饰面和不抹灰或不满抹灰的预制混凝土构件等;滴水槽适用于有抹灰的部位,如窗楣、窗台、阳台、雨篷等下面。

滴水槽的做法:在底面距边口 20mm 处粘分格条,分格条的深度和宽度即为滴水槽的深度和宽度,均不小于 10mm,并要求整齐一致,抹完灰取掉即成;也可以用分格器将这部分砂浆挖掉,用抹子修正,窗台的平面应向外呈流水坡度。

滴水线的做法:将窗台下边口的抹灰直角改为锐角,并将角部位下伸约 10mm,形成滴水。

(4)门窗套口。

门窗套口在建筑物的立面上起装饰作用,有两种形式:一种是在门窗口的一周用砖挑砌 6cm 的线型;另一种不挑砖檐,抹灰时用水泥砂浆分层在窗口两侧及窗楣处往大墙面抹出 40～60mm 左右宽的灰层,突出墙面 5～10mm,形成套口。

门窗套口抹灰施工前,要拉通线,同层的套口要做到挑出墙面一致,在一个水平线上,套口上脸和窗台的底部做好滴水,出檐上脸顶与窗台上小面抹泛水坡。出檐的门窗套口一般先抹两侧的立膀,再抹上脸,最后抹下窗台。涂抹时正面打灰反粘八字靠尺,先完成侧面或底面,而后平移靠尺把另一侧或上面抹好,然后在已抹完的两个面上正卡八字靠尺,将套口正立面抹光。

不出檐的套口,首先在阳角正面上反粘八字靠尺把侧面抹好,上脸先把底面抹上,窗台把台面抹好,翻尺正贴里侧,把正面套口一周的灰层抹成。灰层的外棱角用先粘靠尺或先抹后切割法来完成套口抹灰。

(5)檐口抹灰。

檐口抹灰通常采用水泥砂浆,由于檐口结构一般是钢筋混凝土板并突出墙面,又多是通长布置的,施工时通过拉通线用眼穿的方法,决定其抹灰的厚度。发现檐口结构本身里进外出,应首先进行剔凿、填补修整,以保证抹灰层的平整顺直,然后对基层进行处理。清扫、冲洗板底粘有的砂、土、污垢、油渍后,采用钢丝刷子认真清刷,使之露出洁净的基体,加强检查后,视基层的干湿程度浇水湿润。

檐口边沿抹灰与外窗台相似,上面设流水坡,外高里低,将水排入檐沟,檐下(小顶棚的外口处)粘贴米厘条做滴水槽,槽宽、槽深不小于10mm。抹外口时,施工工序是:先粘尺做檐口的立面,再去做平面,最后做檐底小顶棚。这个做法的优点是不显接槎。檐底小顶棚操作方法同室内抹顶棚,檐口处贴尺粘米厘条见图2-20,檐口上部平面粘尺示意见图2-21。

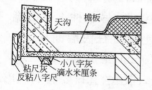

图2-20　檐口粘靠尺、粘米厘条示意

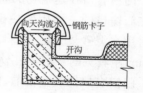

图2-21　檐口上平面粘尺示意

(6)腰线抹灰。

腰线是沿房屋外墙的水平方向,经砌筑突出墙面的线型,用以增加建筑物的美观。构造上有单层、双层、多层檐,腰线与窗楣、窗台连通为一线,成为上脸腰线或窗台腰线。

腰线抹灰方法基本同檐口。抹灰前将基层进行清扫,洒水湿润,基底不平者,用 1∶2 水泥砂浆分层修补,凹凸处进行剔平。腰线抹灰先用 1∶3 水泥砂浆打底,1∶2.5 水泥砂浆罩面。施工时应拉通线,成活要求表面平整,棱角清晰、挺括。涂抹时先在正立面打灰反粘八字靠尺把下底抹成,而后上推靠尺把上顶面抹好,将上、下两个面正贴八字靠尺,用钢筋卡卡牢,拉线再进行调整。

调直后将正立面抹完,经修理压光,拆掉靠尺,修理棱角,通压一遍交活。腰线上小面做成里高外低泛水坡。下小面在底子灰上粘米厘条做成滴水槽,多道砖檐的腰线,要从上向下逐道进行,一般抹每道檐时,都在正立面打灰粘尺,把小面做好后,小面上面贴八字靠尺把腰线正立面抹完,整修棱角、面层压光均同单层腰线抹灰的方法。

(7)雨篷抹灰。

雨篷也是突出墙面的预制或现浇的钢筋混凝土板。在一幢建筑物上,往往有若干个雨篷相邻,抹灰以前要拉通线做灰饼,使每个雨篷都在一条直线上,对每个雨篷本身也应找方、找规矩。

在抹灰前首先将基层清理干净,凹凸处用錾子剔平或用水泥砂浆抹平,有油渍之处要用掺有 10% 的火碱水清洗后,用清水刷净。

在雨篷的正立面和底面,用掺 15% 乳胶的水泥乳胶浆刮1mm 厚的结合层,随后用 1∶2.5 细砂浆刮抹 2mm 铁板糙;隔天用 1∶3 水泥砂浆打底。底面(雨篷小顶棚)打底前,要首先把顶面的小地面抹好,即洒水刮素浆,设标志点主要因为要有泛水坡,一般为 2%,距排水口 50cm 周围坡度为 5%。大雨篷要设标筋,依标筋铺灰、刮平、搓实、压光。要在雨篷上面的墙根处抹20~50cm 的勒脚,防水侵蚀墙体。正式打底灰时在正立面下部近阳角处打灰反粘八字靠尺,在侧立面下部近阳角处也同样打灰粘尺,这三个面粘尺的下尺棱边在一个平面上,不能扭翘。然后把底面用1∶3水泥砂浆抹上,抹时从立面的尺边和靠墙一面门口阴角开始,抹出四角的条筋来,再去抹中间的大面灰。抹完用软尺刮平,木抹子搓平,取下靠尺,从立面的上部和里边的小立面上用卡子反卡八字靠尺,用抹檐口的方法把上顶小面抹完(外高里低,形成泛水坡),见图2-20。第二天养护,隔天罩面抹灰。罩面前弹线粘米厘条,而后粘尺把底檐和上顶小面抹好。再在上、下面卡八字靠尺把立面抹好,罩面灰修理、压光后,将米厘条起出并立即进行勾缝,阴角部分做成圆弧形。最后将雨篷底以纸筋灰分两遍罩面压光。

(8)阳台一般抹灰。

阳台一般抹灰根据其构造大致有阳台地面、底面、挑梁、牛腿、台口梁、扶手、栏板、栏杆等。

阳台抹灰要求一幢建筑物上下成垂直线,左右成水平线,进出一致,细部划一,颜色一致。

阳台抹灰找规矩方法:由最上层阳台突出阳角及靠墙阴角往下挂垂线,找出上下各层阳台进出误差及左右垂直误差,以大多数阳台进出及左右边线为依据,误差小的,可以上下、左右顺一下,误差太大的,要进行必要的结构修整。

对于各相邻阳台要拉水平通线,进出较大也要进行修整。根据找好的规矩,大致确定各部位抹灰厚度,再逐层逐个找好规矩,做抹灰标志块。最上一层两头最外边的两个抹好后,以下都以这两个挂线为准做标志块。

阳台一般抹灰同室内外基本相同。阳台地面的具体做法与普通水泥地面一样,但要注意排水坡度方向应顺向阳台两侧的排水孔,不能"倒流水"。另外阳台地面与砖墙交接处的阴角用阴角抹子压实,再抹成圆弧形,以利排水,防止使下层住户室内墙壁潮湿。

阳台底面抹灰做法与雨篷底面抹灰大致相同。

阳台的扶手抹法基本与压顶一样,但一定要压光,达到光滑平整。栏板内外抹灰基本与外墙抹灰相同。阳台挑梁和阳台梁,也要按规矩抹灰,要求高低进出整齐一致,棱角清晰。

(9)台阶及坡道抹灰。

①台阶抹灰。台阶抹灰与楼梯踏步抹灰基本相同,但放线找规矩时,要使踏步面(踏步板)向外坡 1%;台阶平台也要向外坡1%~1.5%,以利排水。常用的砖砌台阶,一般踏步顶层砖侧砌,为了增加抹面砂浆与砖砌体的粘结,砖顶层侧砌时,上面和侧面的砂浆灰缝应留出

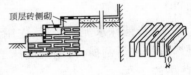

图 2-22　砖踏步抹灰

10mm 孔隙,以使抹面砂浆嵌结牢固,见图 2-22。

②坡道抹灰。为连接室内外高差所设斜坡形的坡道,坡道形式一般有以下三种。

a. 光面坡道。由两种材料水泥砂浆、混凝土组成,构造一般为素土夯实(150mm的 3:7 灰土)混凝土垫层。如果设计有行车要求,要有 100~120mm 厚的混凝土垫层,水泥砂浆面层要求在浇混凝土时要麻面交活,后洒水扫浆,面层砂浆为1:2水泥砂浆抹面压光,交活前用刷子横向扫一遍。如采用混凝土坡道,可用 C15 混凝土随打随抹面的施工方法。

b. 防滑条(槽)坡道。在水泥砂浆光面的基础上,为防坡道过滑,抹面层时纵向间隔 150~200mm 镶一根短于横向尺寸每边 100~150mm 的米厘条。面层抹完活时取出,槽内抹1:3水泥金刚砂浆,用护角抹子捋出高于面层10mm的凸灰条,初凝以前用刷子蘸水刷出金刚砂条,即防滑坡道。防滑槽坡道的施工

同防滑条坡道,起出米厘条养护即可,不填补水泥金刚砂浆。

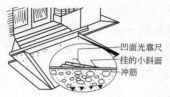

凹面光靠尺挂的小斜面
冲筋

图2-23　礓磋踏步施工

c.礓磋坡道。一般要求坡度小于1∶4。操作时,在斜面上按坡度做标筋,然后用厚7mm,宽 40～70mm四面刨光的靠尺板放在斜面最高处,按每步宽度铺抹1∶2水泥砂浆面层,其高端和靠尺板上口相平,低端与冲筋面相平,形成斜面,见图2-23。

每步铺抹水泥砂浆后,先用木抹搓平,然后撒1∶1干水泥砂,待吸水后刮掉,再用钢皮抹子压光,并起下靠尺板,逐步由上往下施工。

15. 柱的一般抹灰

柱按形状分为方柱、圆柱、多角柱等。柱的一般抹灰是指用水泥砂浆、水泥混合砂浆、石灰砂浆抹灰。而室外柱一般用水泥砂浆抹灰,基体处理与砖墙、混凝土墙相同。

(1)方柱。

方柱(独立柱)找规矩时,应按设计图的尺寸、位置,核对柱子的尺寸和位置,在地坪上弹出相互垂直两方向的中心线,依规定的抹灰厚度尺寸,在柱边地坪上弹出抹灰以后的外边线,所弹出四边线要求每个阳角都为90°角,成边长相同的正方形或矩形。上下两个人配合,上面一人用短靠尺挑线锤,尺头顶在上柱面上,下面一人把锤稳住,使线锤对准边线,检查其偏差的大小,高处抹不着灰处稍加剔凿,低凹处打底时应分层抹平整。在柱子的四角距地坪上和顶棚下各150～200mm处做出四个灰饼,如柱子较高,依已做灰饼上下拉成通线做出中间所需的若干个灰饼(每步架不少于 1 个)。注意在柱子的四面均要做好灰饼。独立柱抹灰、找规矩见图 2-24。

如有两根以上的柱子,根据柱距找出各柱的中心线,然后在每排柱的两个端柱的正面上,在距顶棚 150mm 左右做灰饼,上下拉通线做各中间柱正面的灰饼,根据两端柱正面上的灰饼,用套板套到柱子的反面。同样做两边上、下灰饼并拉通线,做成各柱反面的灰饼。后用套板的中心对柱的正面或反面中心线,做柱两侧面的灰饼,见图2-25。

**图 2-24 独立柱
找规矩**

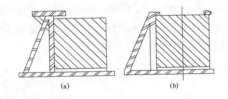

图 2-25 多根柱找规矩

(a)做正面标志块;(b)做两侧面标志块

抹灰时先在两侧面卡固八字靠尺抹正、反面的灰,再用八字靠尺卡在正、反抹两个侧面。抹灰分层做法可参考混凝土顶棚抹灰。底、中层抹灰用木抹子压实、搓平。第二天罩面并压光。

施工中始终要注意检查柱面上下的垂直度、平整度,阳角是否方正,柱子的踢脚线高度是否一致。

(2)圆柱。

独立圆柱找规矩,一般应先找出纵横两个方向相互垂直的中心线,并在柱上弹出纵横两个方向的四根中心线。按四面中心点,在地面分别弹四个点的切线,形成圆柱的外切四边形。这个四边形各边长就是圆柱的实际直径。然后用缺口木板的方法,沿柱上四根中心线往下吊线坠,检查柱子的垂直度。如不超差,先在地面弹出圆柱抹灰后外切四边形,并依此制作圆柱抹灰套板。直径较小的圆柱,可做半圆套板;如圆柱直径大,应做四分之一圆套板,套板里口可包上铁皮。见图2-26。

圆柱做标志块,可以根据地面上放好的线,在柱四周中心线处,先在下面做四个标志块,然后用缺口板挂线坠做柱子上部四个标志块。在上下标志块挂线,中间每隔1.2m左右再做几个标志块,根据标志块抹标筋。

两根以上或成排圆柱,找规矩与抹灰分层做法都与方柱相同。抹灰时用长木杠随抹随找圆,随时用抹灰圆形套板核对。当抹面层灰时,应用圆形套板沿柱上下滑动,将抹灰层扯抹成圆形,最后再由上至下滑磨抽平,见图2-27。

图 2-26 套板

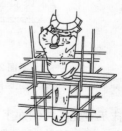

图 2-27 圆柱抹灰

二、装饰抹灰

1. 水刷石抹灰

水刷石又称洗石米、消石子,主要用于室外的装饰抹灰。

（1）工艺流程（图 2-28）。

基层处理 → 湿润墙面 → 设置标筋 → 抹底层砂浆 → 抹中层砂浆 →

弹线和粘分格条 → 抹水泥石子 → 砂浆 → 喷刷 → 起分格条 → 勾缝 →

检查质量 → 养护

图 2-28　水刷石抹灰工艺流程

（2）基层处理。

基体处理方法与一般抹灰处理方法相同，但由于水刷石抹灰的厚度较一般抹灰厚，如果基体处理不好，抹灰层极容易产生空鼓或者坠裂。因此抹灰前应认真清除基体表面上的酥松部分，并洒水湿润墙体。

（3）做水刷石抹灰。

砖墙基体底层和中层均采用 1∶3 水泥砂浆，混凝土基体底层用 1∶0.5∶3 水泥混合砂浆，中层用 1∶3 水泥砂浆。

（4）粘分格条。

为防止水刷石面层砂浆收缩产生裂缝，避免施工接茬，要做分格处理。首先按设计要求弹出分格缝，分格条按弹出的分格缝粘贴，粘贴前必须将分格条在水中浸透，然后用水泥浆将分格条粘贴在墙上，分格条两侧用水泥浆抹成八字形斜坡，约为 45°角，以防直角抹水泥石子浆时，石子颗粒挤不至边，分格缝出现石子稀少或空隙分格条必须粘牢，防止抹水泥石子浆时分格条移动，造成分格缝不平直。

（5）抹石粒浆。

①待中层砂浆六七成干时，进行水刷石面层抹灰，如果中层灰较干，应浇水湿润，接着在中层灰面上刮一遍水灰比为 0.37～0.40 的水泥浆，厚度为 1mm。为使面层与中层粘结牢固，必须在满刮后，立即抹面层水泥石粒浆，石粒浆的稠度以 5～7 为宜，面层厚度一般为石子粒径的 2.5 倍，用 $\phi8mm$ 石子时约

20mm，用 ϕ6mm 石子时约 15mm，用 ϕ4mm 石子时约 10mm。为了调节石粒浆颜色，在炎热气候下减少水泥用量 20% 以内。水泥石粒浆的参考配合比及抹灰做法见表 2-3。

表 2-3 水刷石分层做法配合比

基体	分层做法配合比	厚度(mm)	示意图
砖墙	(1)1∶3 水泥砂浆抹底层；	5～7	
	(2)1∶3 水泥砂浆抹中层；	5～7	
	(3)刮一遍水灰比为0.37～0.40 水泥浆；	15	
	(4)1∶2.25 水泥 6mm 石粒浆（或 1∶0.5∶2水泥石灰石粒浆）或 1∶1.5 水泥 4mm 石粒浆（1∶0.5∶2.25 水泥石灰膏石粒浆）	10	
混凝土墙	(1)刮水灰比为 0.37～0.40水泥浆或洒水泥浆；	0～7	
	(2)1∶0.5∶3 水泥混合砂浆抹底层；	5～6	
	(3)1∶3 水泥砂浆抹中层；		
	(4)刮一遍水灰比0.37～0.40 水泥浆；	15	
	(5)1∶1.25 水泥 6mm 石粒浆（或 1∶0.5∶2 水泥石灰膏石粒浆）或 1∶1.5 水泥 4mm 石粒浆（或 1∶0.5∶2.25 水泥石灰膏石粒浆）	10	

②抹水泥石粒浆时，应随抹随用铁抹子压平、压实，待稍收水后，再用铁抹子将露出的石子尖棱轻轻拍平，使表面平整密实，然后用刷子蘸水刷去表面浮浆，再拍平压实，并用刷子蘸水再刷及再压，重复 1～2 遍，使石子颗粒在灰浆中翻转，石子大面朝外，表面排列紧密均匀。

③抹石粒浆时，就整个墙面（或当天作业面）来说，是从上往下抹，但对于每一个分格应从下面抹起，每抹完一块，用直尺检

查平整,不平处应及时增补找平,同一面层要一次抹完不留施工缝。

(6)喷刷。

当面层水泥石粒浆开始凝固并达到七成干,用手指轻按无痕,用软刷子刷石粒不掉时,开始喷刷。其方法是:用刷子蘸水从上而下刷掉面层灰浆,或用喷雾器随喷随用毛刷刷掉表面水泥浆,喷水压力要均匀,喷头离墙面 100～200mm。喷刷顺序应自上而下,直至石粒外露约 1～2cm,达到清晰可见为止。

(7)起分格条。

喷刷墙面露出石子后,即起分格条,用抹子柄敲击木条。用小鸭嘴抹子扎入木条,上下活动,轻轻起出,再用小溜子找平。用刷子刷光直缝角,用灰浆将格缝修补平直,颜色一致。

(8)滴水槽、滴水线和流水坡度、阳台、雨篷等部位。

水刷石应先做小面,后做大面,以保证大面的清洁美观。水刷石阳角部位应用喷头由外往里喷刷,最后用小水壶冲洗干净,檐口、窗台、阳台及雨篷底面,应按规格规定分别设置滴水槽或滴水线。滴水槽上宽不小于 7mm,下宽为10mm,深度为10mm,距外表面应不小于 30mm。

2. 干粘石抹灰

干粘石是将彩色石粒直接粘到砂浆层上作饰面,其装饰效果比水刷石更为明显。干粘石是在水刷石的基础上发展起来的一种装饰抹灰。其做法与水刷石比较,不仅节约水泥、石子等材料,而且减少了湿作业,工效明显提高,在干粘石粘结层砂浆中掺入适量的 108 胶,可把粘结层砂浆厚度减薄,并能增强粘结砂浆与基层和石粒粘结的牢固性,从而提高装饰质量和耐久性,还可大大减少工作量。

（1）工艺流程（图 2-29）。

清理基层 → 湿润墙体 → 设置标筋 → 抹底砂浆 → 抹中层砂浆 →

弹线和粘分格条 → 抹面层砂浆 → 甩石粒 → 修整拍平 → 起分格条 → 修整

→ 养护

图 2-29　干粘石抹灰工艺流程

（2）基层处理。

干粘石装饰抹灰是在一般抹灰底层、中层抹灰后进行，基体处理方法与水刷石基体处理相同，干粘石分层做法配合比见表 2-4。

表 2-4　　　　　　　　　　**干粘石分层做法配合比**

基体	分层做法配合比	厚度（mm）	示意图
砖墙	（1）1∶3 水泥砂浆抹底层； （2）1∶3 水泥砂浆抹中层； （3）刷水灰比为 0.40～0.50 水泥浆一遍； （4）抹水泥∶石膏∶砂子∶108 胶＝100∶50∶200∶（5～15）聚合稠水泥砂浆粘结层； （5）4～6mm 彩色石粒	5～7 5～7 4～5	
混凝土墙	（1）刮水灰比为 0.37～0.40 水泥浆或洒水泥浆； （2）水泥混合砂浆抹底层； （3）1∶3 水泥砂浆抹中层； （4）刷水灰比为 0.40～0.50 水泥浆一遍； （5）抹水泥∶石灰膏∶砂子∶108 胶＝100∶50∶20∶（5～15）聚合水泥砂浆粘结层； （6）4～6mm 彩色石粒	6～7 5～6 4～5	

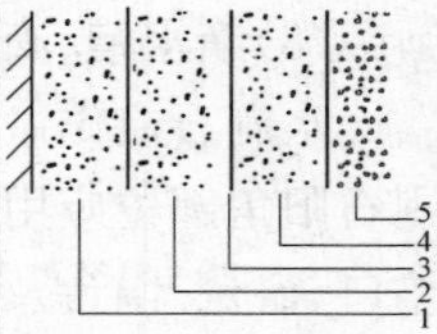

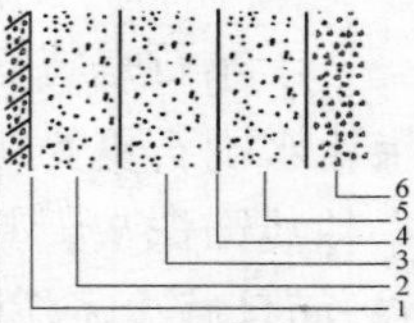

（3）弹线和粘分格条。

①干粘石装饰抹灰的分格处理，不仅是为了建筑的美观、艺术，而且也是为了保证干粘石的施工质量，以及分段分块操作的方便。应按施工设计图纸要求弹线分格，如果无设计要求时，分格的短边应以不大于 1.5m 为宜，太长则操作不方便。分格条的宽度应视建筑物高低及大小来决定，如作为分格缝处理的一般不小于 20mm，如果只起格条作用时，可适当窄一些。

②粘分格条可采用粘布条或木条。粘布条操作简便，分格清晰。粘木条不得超过抹灰厚度，否则会使面层不平整。也可采用玻璃条作分格条，其优点是分格呈线型，无毛边，且不起条一次成活，镶嵌玻璃条的操作方法与粘木条一样，分格缝弹好后，将 3mm 厚、宽度同面层厚度的玻璃条，用水泥紧贴于底灰上，然后用小鸭嘴抹子抹出 60°或近似弧形边座，把玻璃条嵌牢，然后再用排笔或纱头抹掉上面的灰浆，以免污染。

（4）粘结层施工。

中层砂浆表面应先用水湿润，并刷水泥浆（水灰比 0.4～0.5）一遍，随即抹水泥砂浆（可掺入外加剂及少量石灰膏或少许纸筋石灰膏）粘结层。粘结层厚度一般为 6～8mm，稠度不应大于 8cm。实践证明，在粘石砂浆中掺入 108 胶的聚合水泥砂浆可缓凝且保水性好，可以使粘结层薄至 4～5mm（如用中八厘石粒，粘结层为 5～6mm），基本上可解决拍实时的出浆问题。其砂浆的配合比为水泥：石灰膏：砂子：108 胶＝1：1：2：0.2。另一种做法是素水泥浆内掺 30%的 108 胶配制而成的聚合物水泥浆，抹在中层灰上粘石粒，其厚度根据石粒的粒径选择，一般抹粘石砂浆应低于分格条 1～2mm。

（5）甩石粒。

①粘结层抹好后，待干湿度适宜时，即用手甩石粒，先甩边

缘，后甩中间。甩石粒时，一手托着用纱钉成的装石粒的托盘，见图2-30，一手用木拍铲石粒反手往墙上甩，要用力适宜，注意使石粒分布均匀。如不均匀，应补均匀，再用抹子或橡胶滚轻轻拍滚，使石子嵌入砂浆的深度不小于1/2粒径，拍压后的石粒应平整坚实，大面向外。

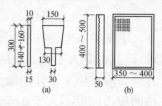

图2-30　甩石粒工具(mm)
(a)木拍；(b)托盘

②在阳角处，角两侧应同时操作，以防一侧先做完后再做另一侧时砂浆已凝结，石子不易粘结上去，出现明显的接茬黑边。

③甩石粒时，未粘的石粒会飞溅散落，造成浪费。可用接料盘放在操作面的下面接收散落的石粒，也可用装上粗布的长方框直接装入石粒，紧靠墙面，既作托料盘又作接料盘。

④也可利用机械喷撒石粒代替手工甩石，利用压缩空气和喷枪将石子均匀有力地喷射到墙面的粘结层上。

(6)修整、处理黑边。

粘完石粒后，应及时检查有无石粒未粘结上的现象及是否有粘结不严实的部位，如有应用水刷蘸水甩粘结层上并及时补贴石粒，使石粒分布均匀牢固，灰层如有坠裂现象时应在灰层终凝前拍实。对阳角处出现的黑边，应起尺后及时补粘石粒并拍实。

(7)起分格条。

起分格时，用抹子柄敲击木条，用小鸭嘴抹子扎入木条，上下活动，轻轻起出、找平，用刷子刷光理直缝角，用灰浆将格缝修补平直，颜色要一致，起分格条后应用抹子将面层粘石轻轻按下，防止起条时将面层灰与底灰拉开，造成部分空鼓现象。起条后再勾缝。

(8)养护。

①干粘石成活后不宜淋水,应待 24h 后用水喷壶浇水养护。

②由于南方夏秋两季日照强,东外山墙应在上午做干粘石,西外山墙应在下午做干粘石,并要设法遮阳,避免日光直射,使水泥砂浆有凝固的时间,防止在初凝前因日晒发生干裂和空鼓现象。

3.斩假石抹灰

斩假石是在石粒砂浆抹灰面层上用斩琢加工制成人造石材状的一种装饰抹灰。斩假石又称剁斧石,由于其装饰效果好,一般多用于外墙面、勒脚、室外台阶和纪念性建筑物的外装饰抹灰。

(1)工艺流程(图 2-31)。

基层处理 → 找规矩、抹灰饼 → 抹底层砂浆 → 抹面层石粒浆 → 剁石

图 2-31　斩假石抹灰工艺流程

(2)基层处理。

砖墙除要清理干净外,还要把脚手眼堵好,并浇水湿润。对混凝土墙板可进行"凿毛"和"毛化"两种处理方法。

(3)找规矩、抹灰饼。

把墙面、柱面、四周大角及门窗口角,用线坠吊垂直线,然后确定灰饼的厚度,贴灰饼找直及找平。横线以楼层为水平基线或用±0.000 标高线交圈控制抹灰饼,并以灰饼为基准点冲筋、套方、找规矩,做到横平竖直、上下交圈。

(4)抹底层砂浆。

①在抹底层砂浆前,先将基层浇湿润,然后刷一道占水重10%胶粘剂的素水泥浆。最好两人配合操作,前面一人刷素水泥浆,另一人紧跟着用 1∶3 水泥砂浆按冲筋分层分遍抹底层

灰。要求第一遍厚度为 5mm，抹好后用扫帚扫毛；待前一遍抹灰层凝结后，抹第二遍灰，其厚度为 6～8mm，这样就完成底层和中层抹灰层，用刮杠刮平整，木抹子搓实、压平后再扫毛，墙面的阴阳角要垂直方正，待终凝后浇水养护。

②台阶的底层灰也要根据踏步的宽和高垫好靠尺分遍抹水泥砂浆（1∶3）。要刮平、搓实、抹平，使每步的宽度和高度一致，台阶面层向外坡度为 1%。

（5）抹面层石粒浆。

①首先按设计要求在底子灰上进行分格、弹线，粘分格条，其方法可参照抹水泥砂浆。

②在分格条有了一定强度后，就可以抹面层石粒浆。先满刮一遍（在分格条分区内）水灰比为 0.4 的素水泥浆，随即用 1∶1.25 的水泥石粒浆抹面层，其厚度 10mm（与分格条平齐）。然后用铁抹子横竖反复压几遍直至赶平压实，边角无空隙，随后用毛刷蘸水把表面的水泥浆刷掉，使露出的石粒均匀一致。

③面层石粒浆完成后 24h 开始浇水养护，常温下一般为 5～7d，其强度达到 5MPa，即面层产生一定强度但不太大，剁斧上去剁得动且石粒剁不掉为宜。

（6）剁石。

①斩剁前要按设计要求的留边宽度进行弹线，如无设计要求，每一方格的四边要留出 20～30mm 边条，作为镜边。斩剁的纹路依设计而定。为保证剁纹垂直和平行，可在分格内划垂直线控制，或在台阶上划平行及垂直线，控制剁纹保持与边线平行。

②剁石时用力要一致，垂直于大面，顺着一个方向剁，以保证剁纹均匀。一般剁石的深度以石粒剁掉 1/3 比较适宜，使剁成的假石成品美观大方。

③斩剁的顺序是先上后下，由左到右进行。先剁转角和四周边缘，后剁中间墙面。转角和四周宜剁水平纹，中间墙面剁垂直纹。每剁一行应随时将上面和竖向分格条取出，并及时用水泥浆将分块内的缝隙和小孔修补平整。

④斩剁完成后，应用扫帚清扫干净。

三、墙体镶贴施工

1. 内墙瓷砖饰面

内墙瓷砖是使用在室内墙面的一种饰面块材。由于其质地比较疏松，这种砖随温度的变化比较大，所以只限于室内使用。一般多在室内厨、厕的墙面、柱面、各种台面、水池等部位使用，具有表面光滑、易清洗、价格低等特点。

以内墙面（裙）为例，内墙瓷砖粘贴工艺，近年来随着建材业的发展，也有不同的变化。但由于操作者的习惯和地区不同，施工方法也各异。如就粘结层所用材料而言，就有混合砂浆、水泥砂浆、聚合物灰浆及建筑胶等。就排砖方法而言，也有比较传统的对称式和施工快捷、节省瓷砖的一边跑，以及以某重要显眼部位为核心的排砖方法等。

（1）工艺流程（图 2-32）。

打底子 → 选砖、润砖 → 弹线找规矩 → 排砖摆底 → 镶贴标筋 → 镶贴大面 → 找破活、勾缝 → 养护

图 2-32　内墙瓷砖饰面的工艺流程

（2）打底子。

①瓷砖在粘贴前要对结构进行检查。墙面上如有穿线管等，要把管头用纸塞堵好，以免施工中落入灰浆。有消防栓、配电箱盖等的背面钢板网要钉牢，并先用混合麻刀灰浆抹粘结层

后,用小砂子灰刮勒入底子灰中,与墙面基层一同打底。

②打底的做灰饼、挂线、充筋、装档刮平等程序可参照水泥砂浆抹墙面的打底部分。打底后要在底子灰上划毛以增强与面层的粘结力。打底的要求应按高级抹灰要求,偏差值要极小。

(3)选砖、润砖。

①瓷砖贴前要对不同颜色和尺寸的砖进行筛选,选砖的方法可以用肉眼与借助选砖样框和米尺共同挑选。

②瓷砖在使用前要进行润砖。润砖是一个需要很强经验的过程。润砖,可以用大灰槽或大桶等容器盛水,把瓷砖浸泡在内,一般要 1h 左右方可捞出,然后单片竖向摆开阴晾至底面抹上灰浆时,能吸收一部分灰浆中的水分,而又不致把灰浆吸干时使用。

在实际工作中,这个问题很关键,其对整个粘贴质量有着极大的影响。如果浸泡时间不足,砖面吸水力较强,抹上灰浆后,灰浆中的水分很快被砖吸走,造成砂浆早期失水,产生粘贴困难或空鼓现象;如果浸泡时间过长,阴凉不足时,灰浆抹在砖上后,砂浆不能及时凝结,粘贴后易产生流坠现象,影响施工进度,而且灰浆与面砖间有水膜隔离层,在砂浆凝固后造成空鼓。所以掌握瓷砖的最佳含水率是保证质量的前提。

有经验的工人,往往可以根据浸、晾的时间,环境,季节,气温等多种复杂的综合因素,比较准确地估计出瓷砖最佳含水率。由于这是一个比较复杂、含综合因素的问题,所以不能单从浸泡时间或阴干时间来判定,在工作中多动脑,多观察,积累一定的经验,往往可以通过手感、质量、颜色等表象,而产生一种直觉和比较准确的判断。浸砖、晾砖的过程要在粘贴前进行,不然可能对工期有影响。

（4）弹线找规矩。

弹线时首先要依给定的标高，或自定的标高在房间内四周墙上，弹一圈封闭的水平线，作为整个房间若干水平控制线的依据。

（5）排砖揣底。

①依砖块的尺寸和所留缝隙的大小，从设计粘贴的最高点，向下排砖，半砖（破活）放在最下边。再依排砖，在最下边一行砖（半条砖或可能是整砖）的上口，依水平线反出一圈最下一行砖的上口水平线。竖向排砖完成后可以进行横向排砖。

②如果采用对称方式时，要横向用米尺找出每面墙的中点（要在弹好的最下一皮砖上口水平线上画好中点位置），从中点按砖块尺寸和留缝向两边阴（阳）角排砖。

③如果采用的是一边跑的排砖法，则不需找中点，要从墙一边（明处）向另一边阴角（不显眼处）排去。排砖也可以通过计算的方法进行。

④如竖向排砖时，以总高度除以砖高加缝隙所得的商，为竖向要粘贴整砖的行数，余数为边条尺寸。如横向排砖时一面跑排砖，则以墙的总长除以砖宽加缝隙，所得的商为横向要粘贴的整砖块数，余数为边条尺寸。

⑤依规范要求，小于 3cm 的边条不准许使用，所以在排砖后阴角处如果出现小于 3cm 边条时，要把与边条邻近的整砖尺寸加上边条尺寸的和，再除以 2 得出的商数，作为两块竖列大半砖的宽度尺寸。按此宽度尺寸切割两块大半砖，粘贴在阴角附近（即把一块整砖和一块小条砖，改为两块大半砖）。

⑥在排砖中，如果设计采用阴阳角条、压顶条等配件砖，在找规矩排砖时要综合考虑。计算虽然稍微复杂些，但也不是很难。有门窗口的墙，有时为了门窗口的美观，排砖时要从门窗口

的中心考虑,使门窗口的阳角外侧的排砖两边对称。一面墙上有几个门窗口及其他的洞口时,需要综合考虑,尽量做到合理安排,不可随意乱排。

依上所述,在横、竖向均排完砖并弹完最下一行砖的上口水平控制线后,再在横向阴角边上一列砖的里口竖向弹上垂直线。每一面墙上这两垂一平的三条线,是瓷砖粘贴施工中的基本控制线,是必不可少的。另外在墙上竖向或横向以某行或某列砖的灰缝位置弹出若干控制线也是必要的,以防在粘贴时产生歪斜现象。所弹的若干水平或垂直控制线的数量,要依墙的面积、操作人员的工作经验、技术水平而决定,一般墙的面积大,要多弹,墙面积小,可少弹。操作人员经验丰富、技术水平高可以不用弹或少弹,否则需要多弹。弹完控制线后,要依最下一行砖上口的水平线而铺垫一根靠尺或大杠,使之水平,且与水平线平行,下部用砂或木板垫平。

(6)粘贴瓷砖。

粘贴用料种类较多,这里以采用素水泥中掺入水的质量30%的108胶配制而成的聚合物灰浆为例。

①粘贴时用左手取浸润阴干后的瓷砖,右手拿鸭嘴之类的工具,取灰浆在砖背面抹 3~5cm 厚,要抹平,然后把抹过灰浆的瓷砖粘贴在相应的位置上,左手五指叉开,五角形按住砖面的中部,轻轻揉压至平整,灰浆饱满为止。

②要先粘垫铺靠尺上边的一行,高低方向以座在靠尺上为准,左右方向以排砖位置为准,逐块把最下一行粘完。横向可用靠尺靠平,或拉小线找平。

③然后在两边的垂直控制线外把裁好的条砖或整砖,在2m左右高度,依控制线粘上一块砖,用托线板把垂直控制线外上边和下边两块砖挂垂直,作为竖直方向的标筋。这时可以依标筋

的上下两块砖一次把标筋先粘贴好,或把标筋先粘出一定高度,作为中间粘大面的依据。

④大面的粘贴可依两边的标筋从下向上逐行粘贴而成。每行砖的高低要在同一水平线上;每行砖的平整要在同一直线上;相邻两砖的接缝高低要平整;竖向留缝要在一条线上。水平缝用专用的垫缝工具或用两股小线拧成的线绳垫起。线绳有弹性可以调整高低。

⑤如果有某块砖高起时,只要轻压上边棱,就可降下。如有过低者,可以把线绳放松,弯曲或叠折压在缝隙内,以解决水平方向的平直问题。如有过于突出的砖块用手揉不下时,可以用鸭嘴把敲振平实,然后调正位置。

⑥大面粘贴到一定高度,下几行砖的灰浆已经凝固时,可拉出小线捋去灰浆备用。一面墙粘贴到顶或一定高度,下边已凝结时可拆除下边的垫尺,把下边的砖补上。且每贴到与某控制线相当高度时,要依控制线检验,及时发现问题及时解决,以免造成问题过大,不好修整。

⑦内墙瓷砖在粘贴的过程中有时面积比较大,施工时间比较长,要对拌合好的灰浆经常搅动,使其保持良好的和易性,以免影响施工进度和质量。经浸泡和阴干的砖,也要视其含水率的变化而采取相应的措施。杜绝较干的砖上墙,以免造成施工困难和空鼓事故。要始终让所用的砖和灰浆,保持在最佳含水率和良好的和易性及理想稠度状态下进行粘贴,才能保证质量。

(7)找破活、勾缝。

①待一面墙或一个房间全部整活粘贴完后应及时将破活补上(也可随整砖一同镶)。第二天用喷浆泵喷水养护。

②3d 后,可以勾缝。勾缝可以采用粘结层灰浆或勾缝剂,也可以减少 108 胶的使用量或只用素水泥浆。但稠度值不要过

大,以免灰浆收缩后有缝隙不严和毛糙的感觉。勾缝时要用柳叶一类的小工具,把缝隙内填满塞严,然后捋光。一般多勾凹入缝,勾完缝后要把缝隙边上的余浆刮干净,用干净布把砖面擦干净。最好在擦完砖面后,用柳叶再把缝隙灰浆捋一遍光。

(8)养护。

第二天用湿布擦抹养护,每天最少2～3次。

2. 陶瓷锦砖饰面

陶瓷锦砖俗称马赛克,为陶瓷制品,其质地坚硬,耐久性好,不老化,耐酸碱性强,可在室外墙面、檐口、腰线、花池、花台、台阶及室内地面等多处使用。

(1)工艺流程(图2-33)。

基层处理 → 弹线找规矩 → 刮板子(填缝) → 粘贴马赛克、揭纸修整 →
勾缝 → 养护

图 2-33　陶瓷锦砖饰面工艺流程

(2)基层处理。

陶瓷锦砖粘贴前要对基层进行清理、打底。

(3)弹线找规矩。

陶瓷锦砖墙面在粘贴前要对打好的底子进行洒水润湿,然后在底子灰上找规矩,弹控制线,如果设计要求有分格缝时,要依设计先弹分格线,控制线要依墙面面积、门窗口位置等综合考虑,排好砖后,再弹出若干垂直和水平控制线。

(4)填缝。

粘贴时,要把四张陶瓷锦砖纸面朝下平拼在操作平台上,再用1：1水泥砂子干粉撒在陶瓷锦砖上,用干刷子把干粉扫入缝隙内,填至1/3缝隙高度。而后,用水泥胶浆(掺入水的质量30％的108胶)或素水泥浆把剩下的2/3缝隙抹填平齐。这时由于缝隙下部有干粉的存在,马上可以把填入缝隙上部的灰浆吸干,使纸面陶瓷锦砖软板变为较挺实的硬板块。

(5)粘贴。

一人在底子灰上,用掺加 30％水重的 108 胶搅拌成的水泥108 胶聚合物灰浆涂抹粘结层。粘结层厚度为 3mm,灰浆稠度为 6～8 度,粘结层要抹平,有必要时用靠尺刮平后,再用抹子走平。后边跟一人用双手提住填过缝的陶瓷锦砖的上边两角,粘贴在粘结层的相应位置上,要以控制线找正位置,用木拍板拍平、拍实,也可用平抹子拍平。一般要从上向下、从左到右依次粘贴,也可以在不同的分格块内分若干组同时进行。

①遇分格条时,要放好分格条后继续粘贴。每两张陶瓷锦砖之间的缝隙,要与每张内块间缝隙相同。粘贴完一个工作面或一定量后,经拍平、拍实调整无误后,可用刷子蘸水把表面的背纸润湿。

②过半小时后视纸面均已湿透,颜色变深时,把纸揭掉。检查一下缝子是否有变形之处,如果有局部不理想时,要用抹子拍几下,待粘结层灰浆发软,陶瓷锦砖可以游动时,用开刀调整好缝隙,用抹子拍平、拍实,用干刷子把缝隙扫干净。

③由于在没粘贴前在缝隙中分层灌入干粉和抹填了灰浆,使得陶瓷锦砖在粘贴中板块挺实便于操作,而且缝隙中不能再挤入多余的灰浆造成面层污染,同时在粘贴的拍移中不会产生挤缝的现象。这样逐块、逐行地粘贴,粘贴后揭纸、扫缝,如有个别污染的要用棉丝擦净。

(6)勾缝。

①要用喷浆泵喷水润湿,而后用素水泥浆刮抹表面,使缝隙被灰浆填平,稍待用潮布把表面擦干净即可。

②如果是地面,也可以采用同样的方法,在打底后,用水泥

108 胶聚合物灰浆如上粘贴。但在打底时要注意,地面有泛水要求的要在打底时打出坡度。

3.外墙面砖饰面

外墙面砖为陶质,分上釉和不上釉砖。外墙砖质地较坚硬、耐老化、耐腐蚀、耐久性能良好。外墙面砖在粘贴前,要进行打底子(方法同水泥砂浆墙面打底子)。

(1)工艺流程(图 2-34)。

打底子 → 选砖、润砖(润基层) → 排砖 → 弹控制线 → 设置标志 → 镶贴面砖、勾缝 → 养护

图 2-34　外墙面砖饰面工艺流程

(2)选砖、润砖。

在粘贴前要选砖、浸砖(方法同内墙瓷砖选砖、润砖),阴干后方可粘贴。

(3)排砖。

在外墙面砖的粘贴中,由于门窗洞口比较多,施工面积大,排砖时需要考虑的因素比较多,比较复杂。所以要在施工前经综合考虑画出排砖图,然后照图施工。

①排砖要有整体观念,一般要把洞口周边排为整砖,如果条件不允许时,也要把洞口两边排成同样尺寸的对称条砖,而且要求在一条线上同一类型尺寸的门洞口边和条砖一致。

②与墙面一平的窗楣边最好是整砖,由于外墙面砖粘贴时,一般缝隙较大(一般为 10mm 左右),所以排砖时有较大的调整量。如果在窗口部分只差 1～2cm 时可以适当调整洞口位置和大小,尽量减少条砖数量,以利于整体美观和施工操作方便。

(4)弹控制线。

粘贴面砖前,要在底层上依排砖图,弹出若干水平和垂直控

制线。

（5）镶贴面砖。

粘贴时,在阳角部位要大面压小面,正面压侧面,不要把盖砖缝留在显眼的大面和正面。要求高的工程可采用将角边砖作45″割角对缝处理。由于外墙面积比较大,施工时要分若干施工单元块,逐块粘贴。可以从下向上一直粘贴下去。也可以为了拆架子方便,而从上到下一步架一步架地粘贴。但每步架开始时亦要从这步架的最下开始,向上粘贴。完成一步架后,拆除上边的架子,转入下一步继续粘贴。面砖的粘贴有两种方法。

①一种是传统的方法,是在基层湿润后,用 1∶3 水泥砂浆（砂过 3mm 筛）刮 3mm 厚铁板糙（现在多采用稍掺乳液或 108 胶）,第二天养护后进行面层粘贴。面层粘结层采用 1∶0.2∶2 水泥石灰混合砂浆,稠度为 5～7 度。

a. 粘贴时,要在墙的两边大角外侧,从上到下拉出两道细铁丝,细铁丝要拉紧,两端固定好,两个方向都要用经纬仪打垂直或用大线坠吊垂直。并依照所弹的控制线和大角边的垂直铁丝,把二步架边上的竖向第一块砖先粘贴出一条竖直标筋。

b. 然后以两边的竖直标筋为依据拉小线粘贴中间大面的面砖。如果墙面比较长,拉小线不方便时,可以利用两边垂直铁丝线在中间做出若干灰饼,以灰饼为准做出中间若干条竖筋。这样缩短了粘贴时的拉线长度。

c. 在粘贴大面前要在所粘贴的这步架最下一行砖的下边,将直靠尺粘托在墙上,并且在尺下抹上几个点灰,用干水泥吸一下使之牢固。

d. 粘靠尺和打点灰可用 1 份水泥和 1 份纸筋灰拌合成的 1∶1 混合灰浆。然后在砖背面抹上 8～10mm 厚的 1∶0.2∶2 的混合砂浆。

e. 砂浆要抹平,把抹过砂浆的砖放在托尺的上面,从左边标筋边开始一块一块依次贴好,贴上的砖要经揉平并用鸭嘴将之敲振密实,调好位置。

f. 粘贴完一行后,在粘好的砖上口放上一根米厘条。在米厘条上边粘贴第二行砖,这样逐块、逐行一步架一步架地直至粘贴完毕。

②外墙面砖粘贴的另一种方法,打底、找规矩、镶贴等的方法均与上述相同,只是粘结层采用掺加 30％水质量 108 胶的水泥 108 胶聚合物灰浆或采用掺加 20％水质量乳液的水泥乳液聚合物灰浆,这种做法对于打底的平整度要求更高。

a. 在比较平整的底层上,粘贴面砖,而且面砖背面所抹灰浆厚度只限于 3~5mm,所以大面的平整度有保证,在粘贴大面时可以不必拉线,施工方便,而且垂直运输灰浆量减少。操作中灰浆吸水速度也比较慢,便于后期调整。

b. 近年来又在高层建筑的首层以上部分采用 903 胶、925 胶等建筑用胶,来作为面砖的粘结层。采用这类建筑胶的优点是更能减少粘结层用料,减轻垂直运输量,减轻自重和保证平整度等(采用建筑胶时,只需在砖背面打点胶,不须满抹,按压至基本贴底无厚度或微薄厚度)。特别是采用建筑胶粘贴时,可以不必靠下部粘靠尺和拉横线(采用这种方法粘贴砖体下坠量极小),而直接从上到下、从左到右依次向下粘贴。如果有时稍有微量下坠时,可以暂时不必调整,而继续向前粘贴,待吸水或胶体初凝时,用手轻轻向上揉动使之符合控制线即可。

采用建筑胶粘贴时,要在养护后干透的底子上粘贴,以免由于底子灰中水分的挥发而造成脱胶。砖体也不必浸水。

(6)勾缝养护。

在粘贴完一面墙或一定面积后,可以勾缝。勾缝的方法同陶瓷地砖的勾缝方法相同,一般要勾成半圆弧形凹入缝,然后擦净,第二天喷水对缝隙养护。

4. 饰面板粘贴法安装

粘贴法这里主要指立面的粘贴,粘贴法只适合于板材尺寸比较小,而且粘贴高度比较低的部位。一般板材长边不大于 30cm,粘贴高度在 2.5m 以下和板材长边不大于 40cm,粘贴高度在 2m 以下时采用。而且所粘贴的墙、柱等顶部不能受压,一般要留出不少于 20cm 的距离。

（1）工艺流程（图 2-35）。

打底子 → 选块材、润砖（润基层）、排块 → 弹控制线 → 设置标志 →

镶贴面层块材 → 勾缝、养护、打蜡、抛光

图 2-35　饰面板粘贴法安装工艺流程

（2）在粘贴前要对结构进行检查,有较大偏差的要提前用 1∶3 水泥砂浆补齐填平,并要润湿基层,用 1∶3 水泥砂浆打底（刮糙）,在刮抹时要把抹子放陡一些。第二天浇水养护。

（3）然后按基层尺寸和板材尺寸及所留缝隙,预先排板。排板时要把花纹颜色加以调整。相邻板的颜色和花纹要相近,有协调感、均匀感,不能深一块浅一块,相邻两板花纹差别较大会造成反差强烈一片混乱的感觉。板材预排后要背对背,面对面,编号按顺序竖向码放,而且在粘贴前要对板材进行润湿、阴干,以备后用。

（4）对于底层,在粘贴前要依排板位置进行弹线,弹出一定数量的水平和竖直控制线。并依线在最下一行板材的底下垫铺上大杠或硬靠尺,尺下用砂或木楔垫起,用水平尺找出水平。若长度比较大时,可用水准仪或透明水管找水平。并根据板材的厚度和粘贴砂浆的厚度,在阳角外侧挂上控制竖线,竖线要两面

吊直,如果是阴角,可以在相邻墙阴角处依板材厚度和粘贴砂浆厚度弹上控制线。

(5)粘贴开始时,应在板材背面,抹上 1：2 水泥砂浆,厚度为 10～12mm,稠度为 5～7 度。砂浆要抹平,先依阳角挂线或阴角弹线,把两端的第一条竖向板材从下向上按一定缝隙粘贴出两道竖向标筋来。然后以两筋为准拉线从下向上、从左至右逐块逐行粘上去。

(6)粘贴每一块板要在抹上灰后,贴在相应的位置上并用胶锤敲平、振实,要求横平竖直,每两块板材间的接缝要平顺。阳角处的搭接多为空眼珠线形(图 2-36),也有八字形的。每两行之间要用小木片垫缝。

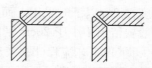

图 2-36　阳角搭接形式

(7)每天下班前要把所粘贴好的板材表面擦干净。全部粘完后,要经勾缝、擦缝后进行打蜡、抛光。

(8)近年来由于建筑材料的发展,在粘贴石材时也常有采用新型大理石胶来粘贴石材面层的。这种胶粘贴效果颇好,施工也很方便,而且可以打破以前的粘贴法受板材尺寸和粘贴高度的限制,可以在较高的墙面上使用较大尺寸的板材。

①采用大理石胶进行面层粘贴时,要在底层干燥后进行。

②粘贴时只要在板材背面抹上胶体,用专用的工具——齿形刮尺(图 2-37),刮平所抹的胶液,胶液的厚度可用变换齿形刮尺的角度来调整(齿形刮尺在最陡,即与板面呈 90°时胶液最厚;齿形刮尺与板面角度越小胶液越薄),胶液刮平后将板材粘贴在相应的位置。

③用胶锤敲振至平整,振实,调整至平直即可。

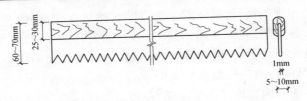

图 2-37 齿形刮尺

5. 饰面板湿作业法安装

(1)工艺流程(图 2-38)。

基层处理 → 绑扎钢筋网预拼 → 固定绑扎钢丝 → 板块就位 → 固定板块 →

灌浆 → 清理、嵌缝

图 2-38 饰面板湿作业法安装工艺流程

(2)基层处理。

将基层表面的残灰、污垢清理干净,有油污可用 10% 火碱水清洗,干净后再用清水将火碱液清洗干净。

基层应具有足够的刚度和稳定性,并且基层表面应平整粗糙。对于光滑的基层表面应进行凿毛处理,凿毛深度 5 ~ 15mm,间距不大于 30mm。

基层应在饰面板安装前一天浇水湿透。

(3)绑扎钢筋网。

先检查基层墙面平整情况,然后在建筑物四角由顶到底挂垂直线,再根据垂直标准,拉水平通线,在边角做出饰面板安装后厚度的标志块,根据标志块做标筋和确定饰面板留缝灌浆的厚度。

按上述找规矩确定标准线,在水平与垂直范围内根据立面要求划出水平方向及垂直方向的饰面板分块尺寸,并核对一下墙或柱预留的洞、槽的位置。然后先剔凿出墙面或柱面结构施

工时的预埋钢筋,使其外露于墙、柱面,然后连接绑扎(或焊接)
$\phi8$mm 的竖向钢筋(竖向钢筋的间距,如设计无规定,可按饰面
板宽度距离设置,一般为 30~50cm),随后绑扎横向钢筋,横向
钢筋,其间距对比饰面板竖向尺寸小 2~3cm 为宜。

　　一般室内装饰工程的墙面,都没有预埋钢筋,绑扎钢筋网之
间需要在墙面用 M10~M16 的膨胀螺栓来固定铁件。膨胀螺
栓的间距为板面宽,或者用冲击电钻在基层上打出 $\phi6$~$\phi8$mm、
深度大于 60mm 的孔,再向孔内打入 $\phi6$~$\phi8$mm 的短钢筋,应外
露 50mm 以上并弯钩。短钢筋的间距为板面宽度,上、下两排膨
胀螺栓或插筋的距离为板的高度减去 100mm 左右。将同一标
高的膨胀螺栓或插筋上连接水平钢筋,水平钢筋可绑扎固定或
点焊固定,见图 2-39。

　　(4)预拼。

　　为了使板材安装时上、下、左、右颜色花纹一致,纹理通顺,
接缝严密吻合,安装前,必须按大样图预拼排号。

　　一般应先按图样挑出品种、规格、颜色与纹理一致的板料,
按设计尺寸,进行试拼,校正尺寸及四角套方,使其合乎要求。
凡阳角对接处,应磨边卡角,见图 2-40。

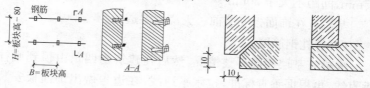

图 2-39　墙上埋入钢筋或螺栓(mm)　　　图 2-40　阳角处磨边卡角(mm)

　　预拼好的板料应按施工顺序编号,编号一般由下往上编排,
然后分类竖向堆好备用。对于有缺陷的板材经过修补后可改小
料用,或应用于阴角或靠近地面不显眼部位。

(5)固定绑扎钢丝。

固定绑扎丝(铜丝或不锈钢丝)的方法采用开四道槽或三道槽方法。其操作方法为:用电动手提式石材无齿切割机的圆锯片,在需绑丝的部位上开槽。四道槽的位置是:板材背面的边角处开两条竖槽,其间距为30～40mm,板材侧边外的两竖槽位置上开一条横槽,再在板材背面上的两条竖槽位置下部开一条横槽,见图2-41。

板材开好槽后,把备好的不锈钢丝或铜丝剪成30cm长,并弯成U形。将U形绑丝先套入板材背横槽内,U形的两条边从两条槽内通出后,在板材侧边横槽处交叉,然后再通过两竖槽将绑丝在板材背面扎牢。但要注意不要将绑丝拧得过紧,以防止拧断绑丝或把槽口弄断裂。

(6)板块就位。

安装顺序一般由下往上进行,每层板块由中间或一端开始。先将墙面最下层的板块按地面标高线就位,如果地面未做出,就需用垫块把板块垫高至墙面标高线位置。然后使板材上口外仰,把下口不锈钢丝(或铜丝)绑好后用木楔垫稳。

随后用靠尺板检查平整度、垂直度,合格后系紧绑丝。最下一层定位后,再拉上一层垂直线和水平线来控制上一层安装质量,上口水平线应到灌浆完后再拆除,见图2-42。

柱面可按顺时针安装,一般先从正面开始。第一层就位后,要用靠尺找垂直,用水平尺找平整,用方尺打好阴、阳角。如发现板材规格不准确或板材间隙不匀,应用铅皮加垫,使板材间隙均匀一致,以保证每一层板材上口平直,为上一层板材安装打下基础。

(7)固定板块。

板材安装就位后,用纸或熟石膏将两侧缝隙堵严。上、下口临时固定较大的块材以及门窗碹脸饰面板应另加支撑加固,为了矫正视觉偏差,安装门窗碹脸时应按 1‰ 起拱。

用熟石膏临时封固后,要及时用靠尺板、水平尺检查板面是否平直,保证板与板交接处四角平直,如发现问题,立即校正,待石膏硬固后即可进行灌浆。

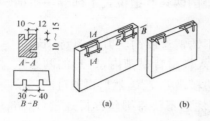

图 2-41 板材开槽方式(mm)
(a)四道槽;(b)三道槽

图 2-42 预埋件与钢筋绑扎示意图

(8)灌浆。

用 1:2.5(体积比)水泥砂浆,稠度 10～15cm,分层灌注。灌注时用铁簸箕徐徐倒入板材内侧,不要只从一处灌注,也不能碰动板材,同时检查板材是否因灌浆而移位。第一层浇灌高度为 15cm,即不得超过石板高度的 1/3 处。第一层灌浆很重要,要锚固下口绑丝及石板,所以操作时要轻,防止碰撞和猛灌,一旦发生板材外移、错动,应拆除重新安装。

第一次灌浆后稍停 1～2h,待砂浆初凝无水溢出,并且板材无移动后,再进行第二次灌浆,高度为 10cm 左右,即灌浆高度到达板材的 1/2 高度处。稍停 1～2h,再灌第三次浆,灌浆高度到达离上口 5cm 处,余量作为上层板材灌浆的接口。

当采用浅色的饰面板时,灌浆应采用白水泥和白石屑,以防透底影响美观。如为柱子贴面,在灌浆前用方木加工或夹具,夹住板材,以防止灌浆时板材外胀。

(9)清理、嵌缝。

三次灌浆完毕,砂浆初凝后就可清理板材上口余浆,并用棉丝擦干净。隔天再清理第一层板材上口木楔和上口有碍安装上口板材的石膏,以后用相同方法把上层板材下口绑丝拴在第一层板材上口固定的绑丝处(铜丝或不锈钢丝),依次进行安装。

柱面、墙面、门窗套等饰面板安装与地面块材铺设的关系,一般采取先做立面后做地面的方法,这种方法要求地面分块尺寸准确,边部块材切割整齐。也可采用先做地面后做立面的方法,这样可以解决边部块材不齐问题,但地面应加以保护,防止损坏。

嵌缝是全部板材安装完毕后的最后一道工序,首先应将板材表面清理干净,并按板材颜色调制水泥色浆嵌缝,边嵌缝边擦拭清洁,使缝隙密实干净、颜色一致。安装固定后的板材,如面层光泽受到影响,要重新打蜡上光。

6.饰面板湿作业改进安装做法

传统湿作业安装工艺工序多,操作较为复杂,往往由于操作不当,造成粘贴不牢,表面接槎不平整等通病,且采用钢筋网连接,增加工程造价。

传统湿作业改进安装工艺是吸取国外的先进经验,结合传统安装的有效方法而采取的新工艺。

新工艺安装法的施工准备,板材进场检验及预拼编号对材料安放要求等与传统方相同,其不同的操作要点如下:

(1)基层处理。

对混凝土墙、柱等凹凸不平处凿平后用1:3水泥砂浆分层抹平。钢模混凝土墙面必须凿毛,并将基层清刷干净,浇水湿润。石材背面进行防碱背涂处理,代替洒水湿润,以防止锈蚀和泛碱现象。

预埋钢筋或贴模钢筋要先剔凿使其外露于墙面。无预埋筋处则应先探测结构钢筋位置,避开钢筋钻孔。孔径为 25mm、孔深 90mm,用 M16 膨胀螺栓固定预埋件。

(2)板材钻孔。

直孔用台钻打眼,操作时应钉木架,使钻头直对板材上端面。一般在每块石板的上、下两个面打眼。孔位打在距板两端1/4 处,每个面各打两个眼,孔径为 5mm,深 18mm,孔位距石板背面以 8mm 为宜。如石板宽度较大,中间再增打一孔,钻孔后用合金钢凿子朝石板背面的孔壁轻打剔凿,剔出深 4mm 的槽,以便固定连接件,见图 2-43。

石材背面钻 135°斜孔,先用合金钢凿子在打孔平面剔窝,再用台钻直对石板背面打孔。打孔时将石板固定在 135°的木架上(或用摇臂钻斜对石板)打孔,孔深 5～8mm,孔底距石板抹光面9mm,孔径 8mm,见图 2-44。

(3)金属夹安装。

把金属夹安装在板内 135°斜孔内,用胶固定,并与钢筋网连接牢固,见图 2-45。

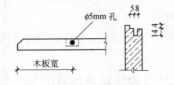

图 2-43　板材钻直孔剔槽示意(mm)　　　图 2-44　磨光花岗石加工示意(mm)

(4)绑扎钢筋网。

先绑竖筋,竖筋与结构内预埋筋及预埋铁连接。横向钢筋根据石板规格,比石板低 20～30mm 作固定拉接筋,其他横筋可根据设计间距均分。

（5）安装板材。

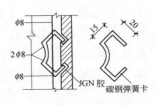

按试拼石板就位，石板板材上口外仰，将两板间连接筋（连接棍）对齐，连接件挂牢在横筋上，用木楔垫稳石板，用靠尺检查调整平直。一般均从

图 2-45　安装金属夹示意(mm)

左往右进行安装，柱面水平交圈安装，以便校正水平垂直度。四大角拉钢尺找直，每层石板应拉通线找平找直，阴阳角用方尺套方。如发现缝隙大小不均匀，应用铁皮垫平，使石板缝隙均匀一致，并保证每层石板板材上口平直，然后用熟石膏固定。经检查无变形方可浇灌细石混凝土。

（6）浇灌细石混凝土。

把搅拌均匀的细石混凝土用铁簸箕徐徐倒入，不得碰动石板及石膏木楔。要求下料均匀，轻捣细石混凝土，直至无气泡。每层石板分三次浇灌，每次浇灌间隔 1h 左右，待初凝后经检验无松动、变形，方可再次浇灌细石混凝土。第三次浇灌细石混凝土时上口留 50mm，作为上层石板浇灌混凝土的结合层。

（7）擦缝、打蜡。

石板安装完后，清除所有石膏和余浆痕迹，用棉丝或抹布擦洗干净。按照板材颜色调制水泥浆嵌缝，边嵌缝边擦干净，以防污染石材表面，使之嵌缝密实，均匀，外观洁净，颜色一致，最后抛光上蜡。

7. 干挂施工

外墙饰面板，特别是大规格花岗石饰面板，包括大理石板，不采用灌浆湿作业法，而是使用扣件固定于建筑物混凝土墙体表面的干作业做法，是近年来发展的新工艺。

　　干挂施工工艺改变了传统的饰面板安装的一贯做法,采用在混凝土外墙面上打膨胀螺栓,再通过钢扣件连接饰面板材的扣件固定法。每块板材的自重由钢扣件传递给膨胀螺栓支承,板与板之间用不锈钢销钉固定,板面防水处理用密封硅胶嵌缝。用扣件固定饰面石板,在板块与混凝土墙面之间形成空腔,无需用砂浆填充,因此,对结构的平整度要求降低,墙体处饰面受热胀冷缩的影响较小。缩短了工期,减轻了自重,提高了抗震性能和装饰效果,也带来了较好的经济效益。

　　(1)工艺流程(图 2-46)。

| 墙面修整 | → | 弹线 | → | 墙面涂防水剂 | → | 打孔 | → | 固定连接件 | → | 固定板块 | → |

| 调整固定 | → | 顶部板安装 | → | 嵌缝 | → | 清理 |

图 2-46　干挂施工工艺流程

　　(2)墙面修整。

　　如果混凝土外墙表面有局部凸出处会影响扣件安装时,要进行凿平修整。

　　(3)弹线。

　　找规矩,弹出垂直线和水平线,并根据施工大样图弹出安装石材的位置线和分块线。石材安装前要事先用经纬仪打大角两个面的竖向控制线,最好弹在离大角 20cm 的位置上,以便随时检查垂直挂线的准确性,保证顺利安装。竖向挂线宜用 $\phi 1 \sim \phi 1.2$mm 的钢丝,下边用沉铁坠吊。一般 40m 以下高度沉铁重量为 $8 \sim 10$kg,上端挂在专用的挂线角钢架上,角钢架用膨胀螺栓固定在建筑物大角的顶端,一定要挂在牢固、准确、不易碰动的地方,要在控制线上、下作出标记,并注意保护和检查。

　　(4)墙面涂防水剂。

　　由于板材与混凝土墙身之间不填充砂浆,为了防止因材料性能或施工质量可能造成的渗漏,在外墙面上涂刷一层防水剂,以增强外墙的防水性能。

（5）打孔。

根据施工大样图的要求,为保证打孔位置准确,将专用模具固定在台钻上,进行石材打孔。为保证孔的垂直性,钉一个板材托架,将石板放在托架上,将打孔的小面与钻头垂直,使孔成型后准确无误。孔深20mm,孔径为5mm;钻头为4.5mm,要求孔位正确。

（6）固定连接件。

在结构墙上打孔,下膨胀螺栓,在基层表面弹好水平线,按施工大样图和板材尺寸,在基层结构墙上作好标记,后按点打孔。孔深为60～80mm,若遇到结构中的钢筋,可以将孔位在水平方向移位或往上抬高。在连接铁件时利用可调余量再调整。成孔与墙面垂直,将孔内灰渣挖出后安放膨胀螺栓。并将所需的全部膨胀螺栓全部安装到位后将扣件固定,用扳手拧紧。安装节点图见图2-47,连结板上的孔洞均呈椭圆形,以便于安装时调节位置,见图2-48。

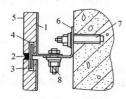

图 2-47　干挂工艺构造示意图

1—玻璃布增强层;2—嵌缝油膏;3—钢针;4—长孔
（充填环氧树脂粘结剂）;5—石材板;6—安装角钢;

7—膨胀螺栓;8—紧固螺栓

图 2-48　组合挂件三向调节

（7）固定板块。

底层石板安装,要先把侧面的连接铁件安好,便可把底层面板靠角上的一块就位。方法是用夹具暂时固定,先将石板侧孔抹胶,调整铁件,插固定铁针,调整面板固定。依次按顺序安装底层面板,待底层面板全部就位后,需检查一下各板材水平是否在一条线上。先调整好面板的水平度与垂直度,再检查板缝宽度,应按设计要求板缝均匀,嵌缝高度要高于25cm,其后用1:2.5的白水泥配制的砂浆,灌于底层面板内20cm高,并设排水装置。

石板上孔抹胶及插连接钢针,方法是用1:1.5的白水泥环氧树脂倒入固化剂、促进剂。用小棒搅匀,用小棒将配好的胶抹入孔中,再把长40mm的 ϕ4mm 连接钢针通过平板上的小孔插入,直至面板孔,上钢针前检查其有无伤痕,长度是否满足要求,钢钉安装要保证垂直。

(8)调整固定。

面板暂时固定后,调整水平度,如板面上口不平,可在板底的一端下口的连接平钢板上垫一相应的铅皮板或铜丝,铝皮板厚度可适当调整。也可把另一端下口用以上方法垫一下。而后调整垂直度,可调整面板上口的不锈钢连接件的距墙空隙,直至面板垂直。

(9)顶部板安装。

顶部最后一层面板除了按一般石板安装要求外,安装调整好,在结构与石板的缝隙里吊一通长的20mm厚木条,木条上平位置为石板上口下去250mm,吊点可设在连接铁件上,可采用铅丝吊木条,木条吊好后,即在石板与墙面之间的空隙里塞放聚苯板,聚苯板条要宽于空隙,以便填塞严实,防止灌浆时漏浆,造成蜂窝、孔洞等。灌浆至石板口下20mm作为压顶盖板之用。

(10)嵌缝。

每一施工段安装后经检查无误,可清扫拼接缝,填入橡胶条,然后用打胶机进行硅胶涂封,一般硅胶只封平接缝表面或比板面稍凹少许即可,雨天或板材受潮时,不宜涂硅胶。

(11)清理。

清理板块表面,用棉丝将石板擦干净,有余胶等其他粘结杂物,可用开刀轻铲、用棉丝沾丙酮擦干净。

8. 顶面大型板材的镶贴

大型板材在施工中,无论是室内或室外,无论是安装或粘贴,在施工时均要格外重视。如遇到门窗上脸的顶面施工,由于难度较大施工不方便,稍有不慎就可能造成空鼓脱落,所以在施工时要格外注意。

(1)工艺流程(图 2-49)。

板材打孔(剔槽)、固定铜丝　→　基层打孔、固定铜丝　→　做支架　→

板材就位、绑固、调整　→　灌浆　→　装侧面板

图 2-49　顶面大型板材的镶贴工艺流程

(2)在安装上脸板时,如果尺寸不大,只需在板的两侧和外边侧面小边上钻孔,一般每边钻两孔,孔径 5mm、孔深 18mm。将铜丝插入孔内用木楔蘸环氧树脂固定,也可以钻成牛鼻子孔把铜丝穿入,后绑扎牢固。

(3)对尺寸较大的板材,除在侧边钻孔外,还要在板背适当的位置,用云石机先割出矩形凹槽,数量适当(依板的大小而增减),矩形槽入板深度以距板面不少于 12mm 为准。矩形槽长 4~5cm,宽 0.5~1cm。切割后用錾子把中间部分剔除,为了剔除时方便快捷可以把中间部分用云石机多切割几下。剔凿后形成凹入的矩形槽,矩形槽的双向截面,均应呈上小下大的梯形。

(4)然后把铜丝放入槽内,两端露出槽外,在槽内灌注 1:2 水泥砂浆掺加 15% 水重的乳液拌合的聚合物灰浆,或用木块蘸

环氧树脂填平凹槽，再用
环氧树脂抹平的方法把铜
丝固定在板材上（亦可用
云石胶代替环氧树脂）（图
2-50）。

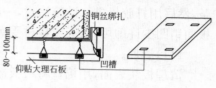

图 2-50　顶面镶贴示意

　　（5）安装时，把基层和
板材背面涂刷素水泥浆，紧接着把板材背面朝上放在准备好的
支架上，将铜丝与基层绑扎后经找方、调平、调正后，拧紧铜丝，
用木楔子楔稳，视基层和板背素水泥的干湿度，喷水湿润（如果
素水泥浆颜色较深说明吸水较慢，可以不必喷水）。

　　（6）然后将 1∶2 水泥砂浆内掺水质量 15％的水泥乳液干
硬性砂浆灌入基层与板材的间隙中，边灌边用木棍捣固，要捣
实，捣出灰浆来。

　　（7）3d 后拆掉木楔，待砂浆与基层之间结合完好后，可以把
支架拆掉。

　　（8）然后可进行门窗两边侧面板材的安装，侧面立板要把顶
板的两端盖住，以加强顶板的牢固程度。

9. 碎拼石材镶贴施工

　　碎拼大理石、花岗岩板是利用板材的边角料，用砂浆或胶
浆、胶料经构思由多种色彩、图案组合，粘贴成的墙、地等面层。
这种工艺施工简单，造价较低，美观大方，自然的效果极强。碎
拼石材中又分为规则拼缝和自然拼缝及冰裂纹缝三种方法。

　　（1）规则拼缝。

　　规则拼缝，是把大小不同的板材均用切割机切割成尺寸不
同的正方形、矩形块料。

　　①在打好底子的基层上用 1∶2 水泥砂浆（可掺加适量的

108 胶或乳液），在板材背面抹上 8～10mm 厚，抹平后可依事先设计方案或即兴发挥粘贴在底子灰上。

②粘贴前要对底层进行适当的润湿，最好是在底子灰上刮一道素水泥浆，以利粘结牢固。

③粘贴时应先在墙面的两边拉竖向垂直线，把两边条筋粘出一部分，然后依据条筋，或拉小线，或用大杠（墙较短时）找直、找平，粘贴中间大面板材。

④规则缝粘贴时，缝隙大小一致，或水平或垂直，不能有斜向缝隙。

⑤面层只能通过板块的大小、颜色的变化来调节效果。

⑥粘贴完成后把面上擦干净，用砂浆勾缝。

a. 如果是立面，可以勾平缝，也可以勾凹入的圆弧缝。

b. 碎拼石材可以采用小缝（3mm 以内），但一般多为大缝（8～10mm）。在采用大缝时，由于板材较厚，所以缝隙较深，勾缝时应分层填平。先用 1∶3 水泥砂浆分层填至离板面 5mm 时，待所填抹砂浆六七成干后，再进行最后一层砂浆填抹，抹上后用抹子或圆阴角抹子做圆弧缝，吸水后用素水泥浆薄薄再抹上一层压入底层中无厚度，用抹子或圆阴角抹子捋光，把缝边用干净布擦净，也可以在填抹最后一次砂浆时采用 1∶2 水泥砂浆（砂子过 3mm 筛）直接捋光，擦净。

⑦第二天喷水养护。

（2）自然拼缝。

自然拼缝又称随意拼缝。这种方法是在用 1∶3 水泥砂浆打底后，经划毛、养护后，在底子灰上用 1∶2 水泥砂浆（掺加适量 108 胶或乳液），把大小不同、颜色各异、形状多样的石材板块拼粘在墙、地上，形成一种自然、洒脱的风格。这样工艺的缝隙可要求大小一致，也可以大小有别，特别是在平面（地面），可以在较大的缝隙里填抹与板材颜色比较协调的水泥石子浆,然后经磨平、磨光,缝隙有横有竖亦有斜,立体感、自然感极强。粘贴方法如下:

①先在底子灰上适当湿润,板材要扫净背面浮土,刷一下水待用。

②粘贴前在底子灰上刮一道素水泥浆。另在墙两端依板材厚度和粘结砂浆厚度拉出竖向垂直控制线。

③粘贴时,在板材背面抹一层 8～10mm 厚的 1：2 水泥砂浆,抹平后依立线把竖向两边的两道竖筋先粘出一定高度,然后依两边条筋拉线或用大杠找平,粘贴中间的大面板块。

④如果是平面也应先拉水平线把两边近阴角处先铺出两道边筋,用大杠、靠尺等靠平,再依据边筋,从前向后退铺中间大面板块。这种缝隙做法做出来的效果较佳,但比较难,因为自然拼缝关键强调自然。在粘贴中一定要达到自然协调的效果,决不可生硬、死板,这需要有一定的经验、审美水准和艺术性。

⑤施工中没有任何条条框框,只需创意,要在实践中摸索和研究。

⑥这种施工方法在粘好板块后勾缝时,立面可以勾平缝、凹入缝或凸缝。

a. 平缝只要用砂浆抹平压光即可。

b. 凹入缝要在勾平缝的基础上,最后一层砂浆初凝前用圆阴角抹子或钢筋溜子在抹好压光的缝隙上溜出凹入的圆弧来。

c. 凸缝是在抹平后在缝隙上面用鸭嘴按缝隙的走向在缝隙中堆起一道砂浆灰梗,砂浆采用 1：2 水泥砂浆,灰梗宽 1～2cm,厚1cm左右,随用铁皮特制的阳角圆弧捋角器

图 2-51　圆弧捋角器

(图 2-51)捋出一道凸出的圆弧来,然后把捋

过圆弧边上的平缝用鸭嘴压修一遍。第二天养护。

⑦如果是平面，一般要做成平缝，平缝可以采用水 1：2～ 1：2.5 的水泥石子浆，抹填时要高于地面 12mm，抹压的方法可参照水磨石地面做法，待水泥石子浆达到一定强度时，进行分道磨平、磨光，最后要擦净、打蜡、抛光。

（3）冰裂纹缝。

冰裂纹缝法施工只限于平面施工。这种施工方法的成品效果更加趋于自然。如果施工得好，能产生很好的效果让人对装饰技术有新的认识。

①冰裂纹地面的具体施工方法是先在基层上，用 1：3 水泥砂浆打底（也可用豆石混凝土），待底子达到一定强度时，在上面做面层，与水泥砂浆地面操作方法相同。

②面层的粘贴与自然拼缝相似处是在底子灰上刮一道水泥浆后把板背面抹上一层水泥砂浆将之粘贴在底子上，所不同的是自然拼缝多用异色块材，而且全部用不同规则形状的板材，而冰裂纹则尽量采用同样质地、相同颜色的板材，且不论形状，多以大块料为好。

③在粘贴时要先把大尺寸块材间隔地粘贴在底层上，粘贴后的板材不要急于振平、振实。在向后退铺出 60～80cm，人伸手能够到时，用铁锤把铺过的石板敲裂，裂纹要尽量整齐，不要粉碎，裂纹越均匀越好，大尺寸的块材多敲几下，小块材要少敲或不敲，敲过后虽然开裂，但缝隙较小，这时要用鸭嘴把开裂的缝隙拨至理想大小，然后把大块料的间隙用尺寸和形状相当的小块料补上。

④如果有适合的小块材料，可以随时用铁锤破开来用，这一部分填好后，可以看一下是否自然，且要换一个角度或后退几步变换距离来看一下，不满意可以调整，满意后用一块厚 25～

40mm、边长 400mm 的木板平铺在石板上由前向后、由左到右，依次用胶锤敲振木板，把下边的石材振打平实。然后用大杠检查一下，如果有过高的要个别敲振平整。并用笤帚把打碎的石屑扫干净。

⑤再向后退粘下一工作面，直至全部退出。

⑥经适度养护后，可上去填缝，填缝多用水泥砂浆分层填抹，最后抹平压光，冰裂纹多用平缝。而且缝不宜太大，一般 5～8mm 为宜。因为破裂的板材，虽有缝隙的分隔，但仍有槎口吻合的感觉。

a. 如果缝隙过大或采用凹缝，都会减弱和消逝这种感觉，则冰裂纹将失去应有的效果和意义。冰裂纹又称冰炸纹，应使人在看到全部或某一局部时有一种一块冰或玻璃等脆性物质被重物迅击炸裂的效果，主要强调自然。

b. 冰裂纹的缝隙也可以用同样石材粉碎后的石渣作骨料拌制成的水泥石子浆填抹、磨平、磨光，后打蜡抛光。

c. 碎拼石材，在打底后粘贴面层时也可以不用水泥砂浆而用掺加水质量 20％的 108 胶拌制的水泥 108 聚合物灰浆，或掺水质量 15％的乳液拌制的水泥乳液聚合物灰浆粘贴更佳。

四、地面镶贴施工

1. 陶瓷地砖

陶瓷地砖，包括陶瓷通体砖、抛光砖和釉面砖等地砖。这类地砖的粘贴通常只用两种方法：一种是采用干硬性水泥砂浆，经试铺后，揭起再浇素水泥浆实铺，即与水磨石板地面的铺贴方法相同；另一种方法是在地面基层上先采用抹水泥砂浆地面的方法，对基层进行打底、搓平、搓麻和划毛。

（1）基层处理、弹线、找规矩。

养护后，在打好的底子灰上找规矩弹控制线。找规矩的方法可依照水磨石板地面找规矩的方法。

（2）粘贴。

①粘贴时，把浸水阴干后的地砖，用掺加30％水质量的108胶拌制的聚合物水泥胶浆涂抹在砖背面。要求抹平，厚度为3～5mm，灰浆稠度可控制在5～7度。

②随之，把抹好灰浆的板材轻轻平放在相应的位置上，用手按住砖面，向前、后、左、右四面分别错动、揉实。错动时幅度不要过大，以5mm为宜，边错动，边向下压。目的是把粘结层的灰浆揉实，将气泡揉出，使砖下的灰浆饱满，如果板面仍然较小线高出，可用左手轻扶板的外侧，右手拿胶锤以适度的力量振平、振实。

③在用胶锤敲振的同时，如果板材有移动偏差要用左手随时扶正。

④每块砖背面抹灰浆时不要抹得太多，要适量，操作过程中，砖面上要保持清洁，不要沾染上较多的灰浆。如果有残留的灰浆要随时用棉丝擦干净。

⑤周边的条砖最好随大面，边切割边粘贴完毕。

⑥如果地坪中有地漏的地方要找好泛水坡度，地漏边上的砖要切割得与地漏的铁算子外形尺寸相符合，使之美观。

⑦如果是大厅内地砖的铺设，且中部又有大型花饰图案块材。该处的镶铺应在大面积地面铺完后进行，留出的面积要大于图案块材的面积以便有一定的操作面。

a.镶铺时先在相应的部位抹上一道聚合物灰浆，涂抹的面积要大于板材面积。涂抹后要用靠尺刮平，涂抹的厚度应为板虚铺后高出设计标高3mm为宜。

　　b. 然后应在抹平的粘结层上划出若干道沟槽,随即抬起板材轻轻平放在相应位置上,视板材的大小分别由两人或四人位于板材两边两手叉开平放在板边向里 20～30cm 左右,协调地前、后、左、右错动平揉。边揉边依拉线检查高低和位置,四边完全符线后再用大杠检查中间部位的平整度(因板材面积较大镶铺过程中刚度有变化),局部有较高的可采用平揉或胶锤敲振的方法调至平整。

　　c. 然后刮去余灰把四边用干水泥吸一下,补上预留的操作面板材。

　　(3)养护。

　　①一个房间完成后第二天喷水养护。

　　②隔天上去用聚合物灰浆或 1∶1 水泥细砂子砂浆勾缝。

　　a. 缝隙的截面形状有平缝、凹缝及凹入圆弧缝等。一般缝隙的截面要依缝宽而定。由于陶瓷地砖是经烧结而成,所以虽经挑选,仍不免有尺寸偏差,所以在施工中一定要留出一定缝隙。一般房小时,缝隙可不必太大,可控制在 2～3mm 为宜,小缝多做成与砖面一平或凹入砖面的一字缝。一般房间较大时,如一些公共场所的商场、饭店等,则应把缝隙适当放大一些,控制在 5～8mm 左右,或再大一点。否则会由于砖块尺寸的偏差造成粘贴困难。

　　b. 大缝一般勾成凹入砖面的圆弧形。勾缝可以用鸭嘴、柳叶或特制的溜子。

　　c. 勾缝是地砖施工中一个重要环节。缝隙勾得好,可以增加整体美感,弥补粘贴施工中的不足,即使一个粘贴工序完成得比较好的地面,由于缝隙勾得不好,不光、不平、边缘不清晰,也会给人一种一塌糊涂、不干净的感觉。所以在铺贴地砖的施工中,要细心完成勾缝工作。

③缝隙勾完,擦净后第二天喷水养护。

2. 大理石(花岗石)地面

(1)工艺流程(图 2-52)。

基层处理 → 弹线 → 试拼、试排 → 刷聚合物水泥浆及铺砂浆结合层 →

铺大理石板块(花岗石板块) → 灌浆、擦缝 → 贴踢脚板 → 打蜡

图 2-52　大理石(花岗石)地面施工工艺流程

(2)基层处理。

将地面垫层上的杂物及油污清理干净,用钢丝刷刷掉粘结在垫层上的砂浆,并清扫干净,对于弹线后地面高低差较大的地方,高处需剔除,低处用水泥砂浆或豆石混凝土补平。

(3)弹线。

在房间内弹十字控制线,以检查和控制大理石(花岗石)板块的位置,控制线弹在混凝土垫层上,并引至墙面根部,然后依据墙面标高控制线找出面层标高,在墙上弹出水平标高线,要注意室内与楼道面层标高一致。

(4)试拼、试排。

在正式铺设前,对每一房间的大理石(花岗石)板块,应按图案、颜色、纹理试拼,试拼中将色板好的排放在显眼部位,花色和规格较差的铺砌在较隐蔽处。同时,将非整块板对称排放在房间靠墙部位,试拼后按两个方向逐块编号,然后按编号码放整齐。试排时,应在房间内的两个相互垂直的方向铺两条干砂,其宽度大于板块宽度,厚度不小于 30mm。结合施工大样图及房间实际尺寸,把大理石(花岗石)板块排好,以便检查板块之间的缝隙,核对板块与墙面、柱、洞口等部位的相对位置。板块的排列应符合设计要求,且应尽量保证面层整齐美观。门口处宜用整块板材,非整块板材应安排在不明显处。且不宜小于整块板

材尺寸的 1/2。若用不同颜色镶边时,应留出镶边尺寸,房间与走道分色宜在门口处。

(5)涂刷石材封闭剂。

将挑选好的石材底面及侧边刷石材封闭剂,刷后晾干备用,必要时面层刷保护剂。

(6)刷聚合物水泥浆及铺砂浆结合层。

试铺后将干砂和板块移开,清扫干净,用喷壶洒水湿润,刷一道聚合物水泥浆(不要刷的面积过大,随刷随铺砂浆)。根据板面水平线确定结合层砂浆厚度,拉十字控制线,铺干硬性水泥砂浆结合层,配合比为水泥∶砂=(1∶2)~(1∶3)(体积比),干硬程度以手捏成团,落地即散为宜,厚度控制在放上大理石(花岗石)板块时高出面层水平线 3~4mm 为宜。铺好后用刮杠刮平,再用抹子拍实找平。

(7)铺砌大理石(花岗石)板块。

①根据房间拉的十字控制线,纵横各铺一行,作为大面积铺砌标筋。依据试拼时的编号、图案及试排时的缝隙(板块之间的缝隙宽度,当设计无规定时不应大于 1mm),在十字控制线交点开始铺砌。搬起板块对好纵横控制线铺放在已铺好的干硬性砂浆结合层上,用橡胶锤敲击木垫板(不得用橡胶锤或木锤直接敲击板块),振实砂浆至铺设高度后,将板块掀起移至一旁,检查砂浆表面与板块之间是否相吻合,如发现有空虚之处,应用砂浆填补,然后正式铺砌。先在水泥砂浆结合层上满浇一层聚合物水泥浆(用浆壶浇均匀),也可在石材背面满刮聚合物水泥膏,再铺板块,安放时四角同时往下落,用橡胶锤或木锤轻击木垫板,根据水平线用水平尺找平,铺完第一块,向两侧采取退步法铺砌。铺完纵、横标准行之后,可分段分区依次铺砌,一般房间宜先里后外进行,逐步退至门口,同时检查房间与走道面层标高应一

致。板块与墙角、镶边和靠墙处应紧密砌合,不得有空隙。大面积铺贴时宜设变形缝。

②碎拼大理石(花岗石)面层铺砌。按设计要求的颜色,挑选厚薄一致、不带尖角的板材,采用分仓或不分仓铺砌,也可镶嵌分格条。为了边角整齐,应选用有直边的板材沿分仓或分格线铺砌,并控制面层标高。边铺水泥砂浆结合层,边铺砌碎块板材,按碎块形状大小相间自然排列。铺砌时,随时清理缝内挤出的砂浆。碎块间缝宽宜为 20～30mm。若设计要求缝内填嵌石渣时,缝的宽度及深度应满足石渣粒径的要求。

(8)灌浆、擦缝。

在板块铺砌后强度达到可上人操作(结合层抗压强度达到 1.2MPa)时,即可进行灌浆、擦缝。根据大理石(花岗石)颜色,选择相同颜色矿物颜料和水泥(白水泥)拌合均匀,调成 1∶1 稀水泥浆,用浆壶徐徐灌入板块之间的缝隙中(可分几次进行),并用刮板把流出的水泥浆刮向缝隙内,灌满为止。灌浆 1～2h 后,用棉纱团蘸原稀水泥浆擦缝与板面擦平,同时将板面上的水泥浆擦净,然后覆盖养护,养护时间不应小于 7d。

碎拼大理石块之间的缝隙灌水泥砂浆时,厚度与大理石碎块上面层平,并将其表面找平压光。如设计要求缝隙灌水泥石渣浆时,灌浆厚度比大理石碎块上面层高出 2mm 厚,常温养护 2～4d,然后用金刚石将高出部分磨平,面层磨光,再上蜡抛光。

(9)大理石(花岗石)踢脚板安装。

大理石(花岗石)踢脚板的安装方法有粘贴法和灌浆法两种。

①粘贴法。

a.根据墙面的标高控制线,测出踢脚板上口水平线,弹在墙上,根据墙面抹灰厚度,用线坠吊线,确定踢脚板的出墙厚度,一般为 8~10mm。

b. 对于抹灰墙面,按踢脚板出墙厚度,用 1∶3 水泥砂浆打底找平,表面搓毛。

c. 找平层砂浆干硬后,拉踢脚板上口的水平线,按设计要求对阳角进行处理,在经浸水阴干的大理石(花岗石)踢脚板背面,先刮抹一层 2~3mm 厚的聚合物水泥浆,再进行粘贴,并用木锤敲实,根据水平线找直、找平。

d. 24h 后用同色水泥浆擦缝并用棉丝团将余浆擦净。

②灌浆法。

a. 根据墙面标高控制线,测出踢脚板上口控制线,弹在墙上,根据墙面抹灰厚度,再用线坠吊线,确定出踢脚板的出墙厚度,一般为 8~10mm。

b. 将墙面清扫干净,浇水湿润,然后拉踢脚板上口水平线,在墙两端各安装一块踢脚板,其上口高度在同一水平线上,出墙厚度要一致,然后逐块依顺序安装,随时检查踢脚板的水平度和垂直度。相邻两块之间及踢脚板与地面、墙面之间用石膏稳牢。

c. 石膏凝固后,检查安装是否符合要求,然后用 1∶2 稀水泥砂浆灌注,并随时把溢出的砂浆擦干净,待灌入的水泥砂浆终凝后,把石膏铲掉。

d. 用棉丝团蘸与大理石踢脚板同颜色的稀水泥浆擦缝。

镶贴踢脚板立缝宜与地面的大理石(或花岗石)板对缝镶贴。

(10)打蜡。

当水泥砂浆结合层(含灌缝)达到强度后(抗压强度达到 1.2MPa 时),方可进行打蜡。打蜡后面层达到光滑、洁净,并对面层进行防护。

(11)季节性施工。

冬期地面石材施工应在采暖条件下进行。可采用建筑物正式热源或临时热源取暖。室温保持均衡,且不低于 5℃。冬期室内施工前,应完成外门窗安装工程,如未完成,应对门、窗洞口进行临时封闭保温。

3. 预制水磨石板

预制水磨石板多为地面使用,也可以用边长尺寸不大的板材,作为墙裙、踢脚、工作台板等使用。

水磨石板正方形有边长 30cm×30cm、40cm×40cm 及 50cm×50cm 等规格,及 40cm×15cm 的踢脚专用板(也可用于现浇、预制水磨石地面镶边)和多种规格的特种板。从档次上看,有普通水泥、白石子的普通水磨石板和彩色水泥、色石渣的高级水磨石板。

水磨石地面板一般可在混凝土、焦渣等垫层上作地面的面层,也可以在钢筋混凝土楼板底层上作楼面的面层。

(1)工艺流程(图 2-53)。

基层清理 → 洒水扫浆 → 弹线、找规矩 → 摊铺粘结层砂浆 → 试铺面转 →

刮(浇)浆 → 实铺板材 → 镶边、勾缝 → 养护

图 2-53　水磨石板面层施工工艺流程

(2)地面的施工前,要对结构垫层进行检查。看有无地下穿线管,标高是否正确,地漏的管口离地面的高度如何,管口临时封闭是否严密。如果发现问题要及时向有关人员提出,并在征得同意后在地面施工前及时整改。对垫层过高的部位要剔平,过于低洼之处要提前用 1∶3 水泥砂浆填齐。个别松动的地方,也要在剔除后,用 1∶3 水泥砂浆补平,并要浇水湿润。

(3)镶铺块材时要在基层上洒一道素水泥浆或洒水扫浆。无论是素水泥浆或洒水扫浆均要随扫随铺,提前时间不能过早,

以免灰浆凝结后失去粘结作用。铺贴水磨石板材时,进入一个房间后要先找规矩、放线、做标筋等。找规矩的方法是利用勾股定理,先检查一下房间的墙是否方正。如果四周的墙,相邻之间都呈 90°角或误差不大时,可依任意一面长向墙作找方的依据,向相邻两面短向墙找方。如果房间方正误差较大,应取一面显眼的长向墙,向相邻两墙找方。找方的基准点的定位,要依排砖而定。排砖的方法,如果设计有要求,则要依设计要求。设计如无要求,可采用对称法或一边跑的方法均可。

①对称法,是先要找出一个房间中的两个方向中心线,一般以其中长向的中心线作为基准线,以两中心线的交点作为基准点。然后以板材的中心或边(依房间宽度尺寸与板块的尺寸模数关系而定)对准中心线(长向),以基准点为中心,板材与中心线(长向)平行方向按一定缝隙排砖,这种排砖方法使得两面墙边处的砖块尺寸相同(或整砖,或半条)且规矩,所以叫对称法。但找方次数多,比较复杂,施工速度慢,浪费砖。

②一边跑,是进入房间后,马上可以依某面长墙做基准线,依线以比较显眼的一面短向墙边为基准点,向相对的比较隐蔽的一面排砖。这种排砖法是比较常用的一种方法。特点是排砖程序简单,插手快,省砖(切割少)。但相对两面墙边的砖块尺寸多为不同。

这两种方法,各有利弊,主要是依操作人员习惯和现场具体情况而定。有时还要考虑到其他因素,如入口处的美观、材料的节约等,都要综合考虑。所以在遇到具体问题时,要有不同的处理方法,有一定的灵活性。

(4)排砖实例。

一边跑的排砖方法排一个房间的实例,图 2-54 是一房间的平面图,房间内净尺寸为:南北长 5.8m,东西宽3.3m。现用

400mm×400mm 的水磨石板材铺设地面,板块间缝隙2mm。铺设时板材要离开墙边10mm,不要紧顶墙边。进入房间后开始找规矩。首先设定以东边长墙为基准,再挂线、排砖、充边筋。方法和步骤如下:

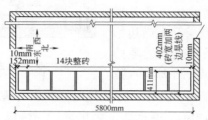

图 2-54　某房间平面图

①先在给定的地面标高的高度,和离东边长墙两边各为411mm(板材离墙10mm,板材宽400mm且小线要离开板材1mm为晃线,共计411mm),拉一道小线,两边用重物压牢固,小线要拉紧,不能有垂度。另外,再在与第一道小线的同一水平高度(地面标高),离第一道小线向东墙方向平移402mm(板宽400mm,两边各晃1mm线),即离东墙9mm距离拉出第二道水平小线。这两道水平小线即作为东边长向标筋的依据。

②可以拉好的两道小线为据,开始以板缝2mm的距离从北向南(保证整砖在门口显眼处)逐块排砖,第一块砖和最后一块砖要离北、南墙10mm,排砖时,最好是结合排砖而一次镶死(铺成),来作为整个房间地面铺贴时东边的标筋。

③结合图 2-55 做这样一个算式(5800-20)÷(400+2)=14…152,即房间内墙净长(地面长)5800mm 减掉两边各离墙10mm 共 20mm,除以板宽400mm 加板材间缝隙 2mm,共402mm,得出商为 14,余数为 152mm。所以南北向排砖(即东

边标筋)为 14 块整砖,加南墙边为 400mm × 152mm 的条砖。

④东边条筋镶贴完成后,要以东边条筋的内边为基准线,以基准线及条筋上南边第一块整砖和条砖之间缝隙的交点,为基准点(图 2-55),找

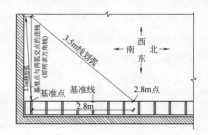

图 2-55　排砖方法示意图

出东、南两条筋的方角来。方法是以基准点沿基准线、向北用钢尺拉紧量出 2.8m,在基准线上画出点,另外,以基准点为圆心,用 2.1m 的钢尺长度为半径,向西拉直后,南、北方向摆动划弧,再以 2.8m 点为圆心,以 3.5m 钢尺长度为半径拉向已划的弧,划弧,使两弧产生交点。这时,要以地面设计标高的高度,基准点和交点为两点拉出南墙标筋的第一条控制小线(让出晃线)。

⑤用平移的方法向南平移 154mm(南墙边的边条为 152mm,加每边晃线各 1mm 共 154mm),拉出第二道南边条筋的控制线。再依双线,把切割好的边条砖,以 2mm 的缝隙的距离镶铺成南边的标筋。

⑥南边同样要通过算式(3300-20)÷(400+2)=8…64 得出。故东、西方向为 8 块整砖,近西墙边为宽 64mm,长 400mm 的条砖。这时可依南筋西边第一块整砖的西北角为基准点,按前边的方法找出南、西两边条筋的方角来。

⑦在本例中,由于西墙边仅为 64mm 宽的条砖,宽度尺寸过小,不适于作为标筋,标筋应选在条筋边的第一块整砖处。该筋拉线时,应依找方的线为据,在西边第一块整砖两侧以 402mm 为间距与设计标高一致,拉直,固定好。

⑧在施工中,东、南两边的标筋要镶成死筋,而西边的条筋,

要为活筋（即不能一次先镶铺好，只要走在中间大面铺贴前一块或两块砖即可。

　　a. 在东、南两边标筋铺好后，把西边的条筋双道控制线拉好，先由南向北铺贴出两块砖，然后以这两块砖的缝隙和东边条筋相对应的板间缝隙为两点，拉一道小线，在南边铺好的标筋和小线中间铺灰（要超过小线 5cm 左右宽），横向以小线和南边条筋的边棱为依据，纵向以前边铺好的板缝为准铺贴大面的第一行砖，这样依次向后（北）退着铺贴直至退出门口。

　　b. 西边的活筋要保持走在大面粘贴前一块至两块砖能拉线即可，而且在每铺出三块至四块西边活筋时，要用钢尺量一下长度，与东边铺好的条筋相应块数的长度是否相同，如果不相同，要以东边死筋为准，调整西边活筋，以保持方正。铺贴时要依两边筋拉线，每行砖要以前边铺好后的棱边和拉线为准（即前边根棱后边跟线）铺平、铺直。两块相邻板材接缝要平整。

　　⑨铺贴时用 1∶3 干硬性水泥砂浆。砂浆的稠度要以抓起成团，落地开花（散开）为宜。在要铺贴的洒水扫浆后的基层上铺出宽于板材 5cm 以上宽度的灰条。灰条要用抹子摊平后，稍加拍实，用大杠刮平，在板材放上后高出铺好的地面的距离要控制在 0.5～1cm（依灰浆厚度的不同，留量亦有异）。

　　⑩灰条铺好后，要把板材四角水平置于灰条上，不要某个角先行落下，放上板材后，左手轻扶板材，右手拿胶锤在板材中心位置敲振至与地面标高相同高度，而且要前符棱，后符绳（线）。一般横向要试铺完一行时，把板材水平揭起轻放在前边铺好的板材上，或放在身后，但放的次序和方向不能错。

　　⑪把准备好的水泥加水调至粥样稠度的灰浆，用短把灰勺均匀地浇洒在灰条上，稍渗水后，把揭起的板材，按原来的位置

和方向,四角水平地同时落下摆放在灰条上,用胶锤敲振至平整。

⑫也可以在试铺完后,揭起板材,在灰条上用小筛子内盛素水泥均匀地筛撒一层干水泥粉,并用笤帚扫均匀,用小喷壶在干水泥粉上洒水润湿,待水沉下后,把板材按原来位置放好,用胶锤敲振至平整(此谓浇浆法)。

⑬亦可在试铺后揭起的板材背面刮抹一道聚合物水泥浆后将橇材就位用胶锤振平(此谓挂浆法)。

⑭在试铺时,如果铺的灰过厚,敲振后依然高于地面设计标高,要把板材揭起,把试铺的砂浆用抹子翻松后,取掉一部分,再重新试铺。如果在试铺中,胶锤只轻轻敲几下就平整或低于地面设计标高时,说明垫铺的砂浆较少,要揭起板材,把砂浆翻动一下,再加入适量的砂浆,用胶锤振平、振实。如遇边条时,可随大面铺贴时,切割好一同进行,也可以在大面铺贴进行完后,由专人负责补各房间的边角。

⑮水磨石板材铺贴后隔一天,上人勾缝。勾缝时,可用水泥粉把缝隙扫填后再用水浇一下,待干水泥粉沉下后,在缝上撒干水泥吸之。用鸭嘴等工具把缝勾平,也可以直接用水泥浆勾缝。缝隙勾平后用干净布或棉丝擦干净。第二天养护。如果设计时平整度要求较高时,可在交工前,用磨石机磨平一次,然后打蜡处理。这种施工方法不仅适合于水磨石板材的铺贴,而且适合于各种人造板材、天然石材,如大理石、花岗石板及大尺寸的陶瓷通体砖、釉面砖、抛光地砖等的粘贴。

本例找方的数字尺寸是依勾股定理设定的。在工作中施工人员可依具体情况自选数字。为了方便可选一些较常用的数组记下,如:(3m、4m、5m)、(6m、8m、10m)、(1.8m、2.4m、3m)、(2.4m、3.2m、4m)等。

五、柱体镶贴施工

1.大理石饰面板安装

（1）施工准备。

大理石板材进场拆包后，应将破碎、变色、局部污染和缺边掉角的板块挑出另行堆放。对合乎外观要求的大理石板材，再进行边角垂直测量、平整度检验、尺寸误差检验，以便控制安装后实际尺寸和对缝的垂直度、平整度。

（2）基层处理。

清除基层表面的尘土和油渍。基层表面应平整粗糙，光滑的基体表面应进行凿毛处理，凿毛深度应为 5～15mm，其间距不大于 3cm。

（3）分块、弹线。

柱面应先测量出柱的实际高度和柱子中心线，以及柱与柱之间上、中、下部水平通线，确定柱饰面板看面边线，才能决定饰面板分块规格尺寸。然后把地面标高位置弹在柱立面上。再以这条柱面标高线为基准，来安排板块的排列分格，并把分格线弹在柱面上。如果需按安装顺序对石板块编号，该编号号码可直接写在柱面的分格线内，并与分块大样图对应。

（4）绑扎钢筋网。

室内柱面一般都没有预埋钢筋，绑扎钢筋网之前需要在柱面用 M10～M16 的膨胀螺栓来固定铁件。膨胀螺栓的间距为板面宽，用冲击电钻在基层上打眼，再向眼内打入短钢筋，外露50mm 以上并弯钩。

（5）预拼排号。

为了使安装颜色一致，纹理通顺，必须按大样图预排编号，编号顺序由上而下,凡阳角对接处应磨边卡角。

（6）板块先开槽。

板块先开槽（图 2-56），然后绑扎不锈钢丝。

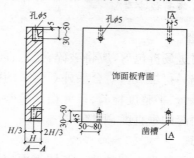

图 2-56 饰面板钻孔及凿槽示意图(mm)

（7）大理石板安装。

柱面大理石安装顺序由下往上,按顺时针安装,一般先从正面开始。先将柱面最下层的板块,按地面标高线就位,要用靠尺板找垂直,用方尺找好阴、阳角。如发现板材规格不准确或板材间隙不均匀,应用铅皮加垫,使板材间隙均匀一致,以保证每一层板材上口平直,为上一层板材安装打下基础。

（8）柱面安装临时固定。

方柱和长方形柱面板材的安装可用绳扎紧、夹具卡紧、石膏浆固定及聚酯砂浆固定法。

①用卡具、绳扎固定。常用的卡具见图 2-57。柱子安装大理石饰面板,用卡具和绳扎紧结合固定见图 2-58。

②用熟石膏固定。板材安装可用熟石膏（调制石膏时,可掺加 20% 水泥,以增加强度,防止石膏裂缝。但白色大理石容易污染,不要掺水泥）,将两侧缝隙堵严,上下口临时固定（图 2-59）。

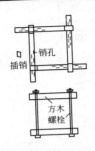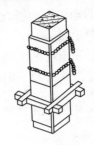

图 2-57　柱卡具示意图　　　　图 2-58　用卡具、绳扎固定示意图

③用聚酯砂浆固定。聚酯砂浆固定有凝结快,粘结牢和不易在灌浆时松动等特点。其施工方法为:在灌浆前先用聚酯砂浆固定板材四角和填满板缝隙,待聚酯砂浆固化并能起到固定拉紧作用以后,再进行下一道工序的施工,见图 2-60。在用聚酯砂浆固定时,需用木卡框来定位。

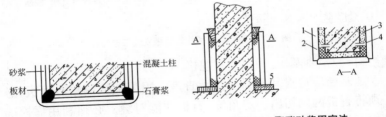

图 2-59　石膏浆固定板材　　　　图 2-60　聚酯砂浆固定法

(9)灌浆。

柱面大理石安装一皮,必须横平竖直。在进行灌浆时,一次灌浆量应不高于15cm,待初凝后,再灌第二次,不论灌浆次数与高度如何,每皮的上口应留5cm,余量作为上层板的灌浆结合层。

(10)清理勾缝。

灌浆后应及时擦拭沾污板材表面的污迹,并用与饰面板相同颜色的水泥浆勾缝,最后清洗干净。

(11)上蜡。

安装固定后的大理石板材,如面层光泽受到影响,可以重新打蜡出光。同时要采取临时保护棱角的措施。

2.空心石板圆柱饰面板安装

(1)施工准备。

①材料要求:对石板进行分选,按不同规格、不同等级进行堆放。

②用厚木夹板制作一个内径等于柱体外径的靠模。利用靠模来确定石板的切角大小。

③施工工具:线锤、卷尺、电动手提式无齿圆锯。

(2)工艺流程(图2-61)。

| 检查基层、确定板材规格 | → | 基层处理、分格 | → | 石板材开槽、浸水 | → |

| 石板材安装 | → | 灌浆 | → | 清理 |

图2-61　空心石板圆柱饰面板安装工艺流程

(3)检查基层、确定板材规格。

基层应检查其不圆度及垂直度。因为圆柱镶贴石面板,必须将石板两侧切出一定角度,石板才能对缝。必须利用靠模确定石板切角的大小。其方法为:先在靠模边按贴面方向摆放几块石板,测量石板对缝所需切的角度,然后按此角度在切割机上切角。将切好角的石板再放置在靠模边,观察两石板对缝情况,若可对缝,便按此角进行切角加工。靠模的方式见图2-62。

(4)基层处理、分格。

检查基层后,要对基层进行处理,清除尘土、油污和凸凹不平地方。面层要粗糙。接着按已确定石块的规格尺寸,在柱面上进行分格、弹线。

（5）石板开槽、浸水。

可用手提式无齿锯，在石板上开槽，开槽的位置应考虑与预埋的铜丝位置相对应，以便绑扎。开完槽应把石板放在水里浸泡。

（6）石板安装。

石板在安装时要利用靠模来作为柱面镶贴的基准圆。首先将靠模对正位置后固定在柱体下面，然后从柱体的最下一层开始镶贴，逐步向上镶贴石板饰面，镶贴石板的圆柱结构，见图 2-63。

图 2-62　靠模方式

图 2-63　镶贴石板的圆柱结构

（7）灌浆。

用水泥砂浆分层灌注。灌注时不要碰动石板，并应从几处分别向缝隙中灌注，同时要检查板材是否因灌浆而外移。每次灌浆高度一般不超过 150mm；最多不得超过 200mm。一块石材通常分三次灌浆来完成粘贴。

（8）清理。

灌浆完毕，待砂浆初凝后，即可清理板材上口的余浆，并用棉丝擦干净。

3. 不锈钢板饰面安装

不锈钢装饰是近年来在国内外流行的一种建筑装饰方法。

因为它具有金属光泽和质感,有不锈蚀的特点,如同镜面的效果,还具有强度和硬度较大的特点。因此,在施工和使用的过程中不易发生变形。由此,可以看出不锈钢作为建筑装饰材料,具有非常明显的优越性。

(1)不锈钢板圆柱饰面安装。

用骨架做成的圆柱体,圆柱面不锈钢板安装可以采用直接卡口式和嵌槽压口式进行镶贴。

①施工准备。

a.材料要求。根据设计要求选用不锈钢板,同时准备好不锈钢槽条和不锈钢卡口槽及不锈钢槽。

b.施工工具。常用的工具有卷尺、电钻、直尺、冲击钻、线锤、大榔头、钢管等。

②工艺流程(图 2-64)。

检查主体 → 修整柱体基层 → 不锈钢板加工成曲面板 → 不锈钢板安装 → 表面抛光处理

图 2-64 不锈钢板圆柱饰面安装工艺流程

③检查柱体。柱体的施工质量直接影响不锈钢板面的安装质量。安装前要对柱体的垂直度、不圆度、平整度进行检查,若误差大,必须进行返工。

④修整柱体基层。检查完柱体,要对柱体进行修整,不允许有凸凹不平,清除柱体表面的杂物、油渍等。

⑤不锈钢板加工。一个圆柱面一般都由两片或三片不锈钢曲面板组合成。曲面板加工方法有两种:一是手工加工,另外一种是在卷板机上加工。

a.手工加工。将不锈钢板放在钢管上,用木榔头锤打,同时用薄铁皮做成与圆柱弧度相同的样板,时刻检查被加工的不锈钢板是否符合要求。

　　b.卷板机加工。也可将不锈钢板放在卷板机上进行加工。加工时,也应用圆弧样板检查曲面板的弧度是否符合要求。

　　⑥不锈钢板安装。不锈钢板安装的关键在于片与片间的对口处的处理。安装对口的方式主要有直接卡口式和嵌槽压口式两种。

　　a.直接卡口式安装。直接卡口式是在两片不锈钢板对口处,安装一个不锈钢卡口槽,该卡口槽用螺钉固定于柱体骨架的凹部。安装柱面不锈钢板时,只要将不锈钢板一端的弯曲部,勾入卡口槽内,再用力推按不锈钢板的另一端,利用不锈钢板本身的特性,使其卡入另一个卡口槽内(图 2-65)。

　　b.嵌槽压口式安装。先把不锈钢板在对口处的凹部用螺钉(铁钉)固定,再把一条宽度小于凹槽的木条固定在凹槽中间,两边空出的间隙相等,其间隙宽为 1mm 左右。

　　在木条上涂刷万能胶,等胶面不粘手时,向木条内嵌入不锈钢槽条。

　　在不锈钢槽条嵌入粘结前,应用酒精或汽油清擦槽条内的油迹、污物,并涂刷一层薄薄的胶液。安装方式见图 2-66。

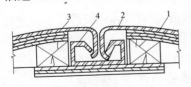 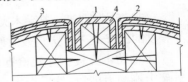

图 2-65　直接卡口式安装　　　　　图 2-66　嵌槽压口式安装
　1—垫木;2—不锈钢板;　　　　　　1—垫木;2—不锈钢板;
　3—木夹板;4—不锈钢槽条　　　　　3—木夹板;4—不锈钢槽条

　　⑦不锈钢板安装注意事项。

　　a.安装卡口槽及不锈钢槽条时,尺寸准确,不能产生歪斜现象。

b. 固定凹槽的木条尺寸,形状要准确。尺寸准确既可保证木条与不锈钢槽的配合松紧适度,安装时不需用锤大力敲击,避免损伤不锈钢槽面,可保证不锈钢槽面与柱体面一致,没有高低不平现象。形状准确可使不锈钢槽嵌入木条后胶结面均匀,粘结牢固,防止槽面的侧歪现象。

c. 在木条安装前,应先与不锈钢槽试配,木条的高度一般大于不锈钢槽内的深度 0.5mm。

(2)不锈钢板方柱饰面安装。

方柱体上安装不锈钢板,通常需要将不锈钢板粘贴在木夹板层上,然后再用型角压边。

①施工准备。

a. 材料准备。不锈钢薄板、木夹板(三夹板或五夹板)、不锈钢或铝型角及万能胶等。

b. 施工工具。钢卷尺、线锤、方尺、电钻、冲击钻、射钉枪等。

②工艺流程(图 2-67)。

柱骨架检查与修整 → 镶贴木夹板 → 镶贴不锈钢板 → 压边 → 抛光处理

图 2-67　不锈钢板方柱饰面安装工艺流程

③检查柱体骨架。粘贴木夹板前,应对柱体骨架进行垂直度和平整度的检查,若有误差应及时修整。

④粘贴木夹板。骨架检查合格后,在骨架上刷涂万能胶,然后把木夹板粘贴在骨架上并用螺钉固定,钉头低于板面。

⑤镶贴不锈钢板。在木夹板的面层上涂刷万能胶并把不锈钢面板粘贴在夹板面层上。

⑥压边。在柱子转角处,用不锈钢型角压边,见图 2-68。

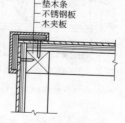

不锈钢型角
垫木条
不锈钢板
木夹板

图 2-68　不锈钢板安装及转角处理

⑦在压边处封口。在压边不锈钢型角处可用少量玻璃胶封口。

⑧不锈钢方柱角位的结构处理。不锈钢方柱角位结构有三种形式即阳角结构、阴角形和斜角形。

a. 阳角结构。阳角结构最常见,其角位结构也较简单,两个面在角位处直角相交,再用压角线进行封角。压角线用不锈钢角或不锈钢角型材用自攻螺钉或铆接法固定,见图2-69。

图 2-69　不锈钢方柱
阳角结构形式

b. 斜角结构。不锈钢方柱斜角用不锈钢处理,见图2-70。

c. 阴角结构。所谓阴角也就是在柱体的角位上,做一个向内凹角。

不锈钢方柱阴角结构是用不锈钢角型材来包角,见图 2-71。

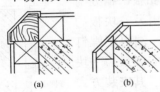

图 2-70　不锈钢方柱斜角结构形式
（a）斜角；（b）大斜角

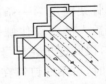

图 2-71　不锈钢方柱阴角结构形式

4. 铝合金方柱饰面板安装

安装铝合金型材板的柱体骨架,可以是铁龙骨架,也可以是木龙骨架。

（1）施工准备。

①材料要求。铝合金方柱饰面板用经过加工的铝合金扣板,再用角铝作压边,用螺钉固定。在选用材料时,应按方柱面

尺寸确定扣板的宽度和角铝的长度。

②施工工具。线锤、方尺、卷尺、木榔头、电钻、螺丝刀等。

（2）工艺流程（图2-72）。

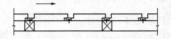

柱体骨架检查 → 安装铝合金扣板 → 固定铝合金扣板 → 角角铝压边

图 2-72　铝合金方柱饰面板安装工艺流程

图 2-73　铝合金扣板安装方式

（3）柱体骨架检查。柱体骨架在未安装铝合金扣板前,应检查柱体的垂直度及平整度。误差大的应立即整修。

（4）安装扣板时,先用螺钉在扣板凹槽处与柱体骨架固定第一条扣板,然后用另一块板的一端插入槽内盖住螺钉头,在另一端再用螺钉固定,以此逐步在柱身安装扣板,安装最后一块扣板时,可用螺钉钉在凹槽内壁上,其安装方式见图2-73。

（5）压边。扣板安装完毕,其上下顶地边通常是用同包角铝压边,其上顶边是用角铝向外压,下地边是用角铝向内压,见图2-74。

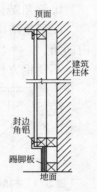

图 2-74　上顶边下地边的安装

🌑 5.木圆柱饰面面层安装

（1）施工准备。

①材料。木圆柱面层常用弯曲性较好的薄三夹板,及实木条板做面层,常用实木板条宽 50～80mm,木条板厚度为10～20mm。

②施工工具。常用工具有手电钻、电锯、刀锯、墙纸刀、手锤、斧子、射钉枪等。

（2）施工方法。

木圆柱面层安装有两种方法：一种是用薄三夹板围住柱体；另一种是用实木条板钉在木圆柱的骨架上。见图 2-75。

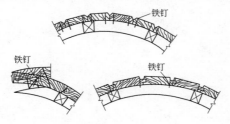

图 2-75　木条板安装

（3）圆柱上安装木夹板操作要点。

①试铺。在安装固定前，先在柱体骨架进行试铺。确定下料尺寸。

②弯曲贴合有困难，可在木夹板的背面用墙纸刀切割一些竖向刀槽，刀槽间相距 10mm 左右，刀槽深 1mm 左右。要注意，应用木夹板的长边来围柱体。

③在木骨架的外面刷胶液，将木夹板粘贴在木骨架上，然后用铁钉从一侧开始钉木夹板，逐步向另一侧固定。

④在对缝处用钉量要适当加密。钉头要埋入木夹板内。

⑤在钉接圆柱木夹板时，最好采用射枪钉。

（4）圆柱上安装实木条板操作要点。

①根据圆柱的周长和实木条板的宽度，试排实木条板并确定其数量。

②画线。根据试排的结果，在圆柱骨架周围，画出实木条板安装位置线。

③在实木条板的位置上,涂刷胶粘剂。

④将实木条板粘贴在骨架上,并用铁钉固定住。钉头要埋入实木条板内。

⑤木条板下料、加工应按木工操作工艺要求进行,尺寸要规格化。

第3部分 镶贴工岗位安全常识

一、镶贴工施工安全基本知识

(1)首先将砖墙面的抹灰层剔平,将表面尘土、污垢清扫干净,浇水湿润。

(2)大墙面和四角、门窗口边弹线找规矩,必须由顶层到底一次进行,弹出垂直线,并决定面砖与墙尺寸,分层设点,做灰饼,横线则以楼层为水平基线交圈控制,竖向线则以四周大角和通天垛、柱子为基准线,控制每层打底时则以此灰饼为基准点进行冲筋,使基底层做到横平竖直,同时要注意找好突出檐口、腰线、窗台、雨篷等饰面的流水坡度。

(3)抹底层砂浆:先把墙面浇水湿润,用1:3水泥砂浆搓底找平。

(4)饰面砖镶贴前,首先要用手排砖,在同一墙面上应从墙的一端向另一端或从墙的中部向两侧排砖,应横竖排列,均不得有一行以上的不整砖。

(5)外墙砖应根据设计图纸要求进行排砖,同一墙面的砖要色泽一致,灰缝要横平竖直。嵌缝密实、平直,宽度和深度应一致,粘贴牢固、无空鼓。

(6)排砖、弹线:在找平层上,用粉线弹出饰面砖分格线,一般竖向线间距为1m左右,横线一般根据砖规格尺寸每5～10块弹一水平线。

(7)选砖、浸砖:在面砖没镶贴前应预先设专人选砖,严格筛选,不同尺寸分别堆放,使用前应提前浸泡。

(8)镶贴标准：表面规方平整、洁净，色泽一致，无裂痕和缺损。

(9)镶贴方法：由下往上，从阳角开始向逐一镶贴，镶贴砂浆采用1∶2水泥砂浆。

(10)嵌缝应用同色水泥擦缝，并将缝中的气孔和砂眼封闭密实，饰面砖表面污染严重的，可用稀盐酸清洗后用清水冲洗干净。

(11)允许偏差见表3-1。

表 3-1　　　　　　　　　　　　允许偏差

主要项目	允许偏差值	
	外墙（mm）	内墙（mm）
立面垂直	3	2
表面平整度	3	3
阴阳角方正	3	3
接缝直线高度	3	2
接缝高底差	1	0.5
接缝高度	0.5	0.5

二、现场施工安全操作基本规定

1. 杜绝"三违"现象

员工遵章守纪，是实现安全生产的基础。员工在生产过程中，不仅要有熟练的技术，而且必须自觉遵守各项操作规程和劳动纪律，远离"三违"，即违章指挥、违章操作、违反劳动纪律。

(1)违章指挥。企业负责人和有关管理人员法制观念淡薄，缺乏安全知识，思想上存有侥幸心理，对国家、集体的财产和人民群众的生命安全不负责任。明知不符合安全生产有关条件，仍指挥作业人员冒险作业。

（2）违章作业。作业人员没有安全生产常识，不懂安全生产规章制度和操作规程，或者在知道基本安全知识的情况下，在作业过程中，违反安全生产规章制度和操作规程，不顾国家、集体的财产和他人、自己的生命安全，擅自作业，冒险蛮干。

（3）违反劳动纪律。上班时不知道劳动纪律，或者不遵守劳动纪律，违反劳动纪律进行冒险作业，造成不安全因素。

2. 牢记"三宝"和"四口、五临边"

（1）"三宝"指安全帽、安全带、安全网。安全帽、安全带、安全网是工人的三件宝，只有正确佩戴和使用，才可以保证个人安全。

（2）"四口"指楼梯口、电梯井口、预留洞口、通道口。"五临边"是指尚未安装栏杆的阳台周边、无外架防护的层面周边、框架工程楼层周边、上下跑道及斜道的两侧边、卸料平台的侧边。

"四口、五临边"是施工现场最危险和最容易发生事故的地方，因此对施工现场重要危险部位进行正确的防护，可以有效地减少事故发生，为工人作业提供一个安全的环境。

3. 做到"三不伤害"

"三不伤害"是指不伤害自己、不伤害他人、不被他人伤害。

施工现场每一个操作人员和管理人员都要增强自我保护意识，同时也要对安全生产自觉负起监督的责任，才能达到全员安全的目的。

施工时经常有上下层或者不同工种、不同队伍互相交叉作业的情况，要避免这时候发生危险。相互间协调好，上层作业时,要对作业区域围蔽,有人值守,防止人员进入作业区下方。此外落物伤人,也是工地经常发生的事故之一,进入施工现场,一定要戴好安全帽。作业过程中,观察周围,不伤害他人,也不被他人伤害,这是工地安全的基本原则。自己不违章,只能保证不伤害自己,不伤害别人。要做到不被别人伤害,就要及时制止他人违章。制止他人违章既保护了自己,也保护了他人。

4. 加强"三懂三会"能力

"三懂三会"即懂得本岗位和部门有什么火灾危险性,懂得灭火知识,懂得预防措施;会报火警,会使用灭火器材,会处理初起火灾。

5. 掌握"十项安全技术措施"

(1)按规定使用安全"三宝"。

(2)机械设备防护装置一定要齐全有效。

(3)塔吊等起重设备必须有限位保险装置,不准带病运转,不准超负荷作业,不准在运转中维修保养。

(4)架设电线线路必须符合当地电业局的规定,电气设备必须全部接零接地。

(5)电动机械和手持电动工具要设置漏电保护器。

(6)脚手架材料及脚手架的搭设必须符合规程要求。

(7)各种缆风绳及其设置必须符合规程要求。

(8)在建工程的楼梯口、电梯口、预留洞口、通道口,必须有防护设施。

(9)严禁赤脚或穿高跟鞋、拖鞋进入施工现场,高空作业不准穿硬底和带钉易滑的鞋靴。

(10)施工现场的悬崖、陡坎等危险地区应设警戒标志,夜间要设红灯示警。

6. 施工现场行走或上下的"十不准"

(1)不准从正在起吊、运吊中的物件下通过。

(2)不准从高处往下跳或奔跑作业。

(3)不准在没有防护的外墙和外壁板等建筑物上行走。

(4)不准站在小推车等不稳定的物体上操作。

(5)不得攀登起重臂、绳索、脚手架、井字架、龙门架和随同运料的吊盘及吊装物上下。

(6)不准进入挂有"禁止出入"或设有危险警示标志的区域、场所。

(7)不准在重要的运输通道或上下行走通道上逗留。

(8)未经允许不准私自进入非本单位作业区域或管理区域,尤其是存有易燃、易爆物品的场所。

(9)严禁在无照明设施、无足够采光条件的区域、场所内行走、逗留。

(10)不准无关人员进入施工现场。

7. 做到"十不盲目操作"

做到"十不盲目操作",是防止违章和事故的基本操作要求。

(1)新工人未经三级安全教育,复工换岗人员未经安全岗位教育,不盲目操作。

(2)特殊工种人员、机械操作工未经专门安全培训,无有效安全上岗操作证,不盲目操作。

(3)施工环境和作业对象情况不清,施工前无安全措施或作业安全交底不清,不盲目操作。

（4）新技术、新工艺、新设备、新材料、新岗位无安全措施，未进行安全培训教育、交底，不盲目操作。

（5）安全帽和作业所必需的个人防护用品不落实，不盲目操作。

（6）脚手、吊篮、塔吊、井字架、龙门架、外用电梯、起重机械、电焊机、钢筋机械、木工平刨、圆盘锯、搅拌机、打桩机等设施设备和现浇混凝土模板支撑、搭设安装后，未经验收合格，不盲目操作。

（7）作业场所安全防护措施不落实，安全隐患不排除，威胁人身和国家财产安全时，不盲目操作。

（8）凡上级或管理干部违章指挥，有冒险作业情况时，不盲目操作。

（9）高处作业、带电作业、禁火区作业、易燃易爆作业、爆破性作业、有中毒或窒息危险的作业和科研实验等其他危险作业的，均应由上级指派，并经安全交底；未经指派批准、未经安全交底和无安全防护措施，不盲目操作。

（10）隐患未排除，有自己伤害自己、自己伤害他人、自己被他人伤害的不安全因素存在时，不盲目操作。

8.“防止坠落和物体打击”的十项安全要求

（1）高处作业人员必须着装整齐，严禁穿硬塑料底等易滑鞋、高跟鞋，工具应随手放入工具袋中。

（2）高处作业人员严禁相互打闹，以免失足发生坠落事故。

（3）在进行攀登作业时，攀登用具结构必须牢固可靠，使用必须正确。

（4）各类手持机具使用前应检查，确保安全牢靠。洞口临边作业应防止物件坠落。

(5)施工人员应从规定的通道上下,不得攀爬脚手架、跨越阳台,不得在非规定通道进行攀登、行走。

(6)进行悬空作业时,应有牢靠的立足点并正确系挂安全带;现场应视具体情况配置防护栏网、栏杆或其他安全设施。

(7)高处作业时,所有物料应该堆放平稳,不可放置在临边或洞口附近,且不可妨碍通行。

(8)高处拆除作业时,对拆卸下的物料、建筑垃圾都要加以清理和及时运走,不得在走道上任意乱置或向下丢弃,保持作业走道畅通。

(9)高处作业时,不准往下或向上乱抛材料和工具等物件。

(10)各施工作业场所内,凡有坠落可能的任何物料,都应先行撤除或加以固定,拆卸作业要在设有禁区、有人监护的条件下进行。

9.防止机械伤害的"一禁、二必须、三定、四不准"

(1)一禁。不懂电器和机械的人员严禁使用和摆弄机电设备。

(2)二必须。

①机电设备应完好,必须有可靠有效的安全防护装置。

②机电设备停电、停工休息时必须拉闸关机,按要求上锁。

(3)三定。

①机电设备应做到定人操作,定人保养、检查。

②机电设备应做到定机管理、定期保养。

③机电设备应做到定岗位和岗位职责。

(4)四不准。

①机电设备不准带病运转。

②机电设备不准超负荷运转。

③机电设备不准在运转时维修保养。

④机电设备运行时,操作人员不准将头、手、身伸入运转的机械行程范围内。

10."防止车辆伤害"的十项安全要求

(1)未经劳动、公安交通部门培训合格的持证人员,不熟悉车辆性能者不得驾驶车辆。

(2)应坚持做好例保工作,车辆制动器、喇叭、转向系统、灯光等影响安全的部件如作用不良,不准出车。

(3)严禁翻斗车、自卸车的车厢乘人,严禁人货混装,车辆载货应不超载、超高、超宽,捆扎应牢固可靠,应防止车内物体失稳跌落伤人。

(4)乘坐车辆应坐在安全处,头、手、身不得露出车厢外,要避免车辆启动制动时跌倒。

(5)车辆进出施工现场,在场内掉头、倒车,在狭窄场地行驶时应有专人指挥。

(6)现场行车进场要减速,并做到"四慢",即道路情况不明要慢,线路不良要慢,起步、会车、停车要慢,在狭路、桥梁弯路、坡路、叉道、行人拥挤地点及出入大门时要慢。

(7)临近机动车道的作业区和脚手架等设施以及道路中的路障,应加设安全色标、安全标志和防护措施,并要确保夜间有充足的照明。

(8)装卸车作业时,若车辆停在坡道上,应在车轮两侧用楔形木块加以固定。

(9)人员在场内机动车道应避免右侧行走,并做到不平排结队有碍交通;避让车辆时,应不避让于两车交会之中,不站于旁有堆物无法退让的死角。

(10)机动车辆不得牵引无制动装置的车辆,牵引物体时物体上不得有人,人不得进入正在牵引的物与车之间,坡道上牵引时,车和被牵引物下方不得有人作业和停留。

11. "防止触电伤害"的十项安全操作要求

根据安全用电"装得安全、拆得彻底、用得正确、修得及时"的基本要求,为防止触电伤害的操作要求有:

(1)非电工严禁拆接电气线路、插头、插座、电气设备、电灯等。

(2)使用电气设备前必须检查线路、插头、插座、漏电保护装置是否完好。

(3)电气线路或机具发生故障时,应找电工处理,非电工不得自行修理或排除故障。

(4)使用振捣器等手持电动机械和其他电动机械从事湿作业时,要由电工接好电源,安装上漏电保护器,操作者必须穿戴好绝缘鞋、绝缘手套后再进行作业。

(5)搬迁或移动电气设备必须先切断电源。

(6)搬运钢筋、钢管及其他金属物时,严禁触碰到电线。

(7)禁止在电线上挂晒物料。

(8)禁止使用照明器烘烤、取暖,禁止擅自使用电炉和其他电加热器。

(9)在架空输电线路附近工作时,应停止输电,不能停电时,应有隔离措施,要保持安全距离,防止触碰。

(10)电线必须架空,不得在地面、施工楼面随意乱拖,若必须通过地面、楼面时,应有过路保护,物料、车、人不准压踏碾磨电线。

12.施工现场防火安全规定

（1）施工现场要有明显的防火宣传标志。

（2）施工现场必须设置临时消防车道。其宽度不得小于3.5m，并保证临时消防车道的畅通，禁止在临时消防车道上堆物、堆料或挤占临时消防车道。

（3）施工现场必须配备消防器材，做到布局合理。要害部位应配备不少于4具的灭火器，要有明显的防火标志，并经常检查、维护、保养，保证灭火器材灵敏有效。

（4）施工现场消火栓应布局合理，消防干管直径不小于100mm，消火栓处昼夜要设有明显标志，配备足够的水龙带，周围3m内不准存放物品。地下消火栓必须符合防火规范。

（5）高度超过24m的建筑工程，应安装临时消防竖管。管径不得小于75mm，每层设消火栓口，配备足够的水龙带。消防水要保证足够的水源和水压，严禁消防竖管作为施工用水管线。消防泵房应使用非燃材料建造，位置设置合理，便于操作，并设专人管理，保证消防供水。消防泵的专用配电线路应引自施工现场总断路器的上端，要保证连续不间断供电。

（6）电焊工、气焊工从事电气设备安装的电焊、气焊切割作业，要有操作证和用火证。用火前，要对易燃、可燃物采取清除、隔离等措施，配备看火人员和灭火器具，作业后必须确认无火源隐患后方可离去。用火证当日有效。用火地点变换，要重新办理用火证手续。

（7）氧气瓶、乙炔瓶工作间距不小于5m，两瓶与明火作业距离不小于10m。建筑工程内禁止氧气瓶、乙炔瓶存放，禁止使用液化石油气"钢瓶"。

（8）施工现场使用的电气设备必须符合防火要求。临时用电必须安装过载保护装置,电闸箱内不准使用易燃、可燃材料。严禁超负荷使用电气设备。

(9)施工材料的存放、使用应符合防火要求。库房应采用非燃材料支搭,易燃易爆物品应专库储存,分类单独存放,保持通风,用电符合防火规定。不准在工程内、库房内调配油漆、稀料。

(10)工程内部不准作为仓库使用,不准存放易燃、可燃材料,因施工需要进入工程内部的可燃材料,要根据工程计划限量进入并采取可靠的防火措施。废弃材料应及时消除。

(11)施工现场使用的安全网、密目式安全网、密目式防尘网、保温材料,必须符合消防安全规定,不得使用易燃、可燃材料。

(12)施工现场严禁吸烟,不得在建筑工程内部设置宿舍。

(13)施工现场和生活区,未经有关部门批准不得使用电热器具。严禁工程中明火保温施工及宿舍内明火取暖。

(14)从事油漆粉刷或防水等有毒及易燃危险作业时,要有具体的防火要求,必要时派专人看护。

(15)生活区的设置必须符合消防管理规定。严禁使用可燃材料搭设,宿舍内不得卧床吸烟,房间内住 20 人以上必须设置不少于 2 处的安全门,居住 100 人以上,要有消防安全通道及人员疏散预案。

(16)生活区的用电要符合防火规定。食堂使用的燃料必须符合使用规定,用火点和燃料不能在同一房间内,使用时要有专人管理,停火时将总开关关闭,经常检查有无泄漏。

三、高处作业安全知识

1. 高处作业的一般施工安全规定和技术措施

按照《高处作业分级》(GB/T 3608—2008)规定:凡在坠落

高度基准面 2m 以上(含 2m)的可能坠落的高处所进行的作业，都称为高处作业。

在施工现场高处作业中，如果未防护、防护不好或作业不当都可能发生人或物的坠落。人从高处坠落的事故，称为高处坠落事故。物体从高处坠落砸着下面人的事故，称为物体打击事故。建筑施工中的高处作业主要包括临边、洞口、攀登、悬空、交叉作业等类型，这些是高处作业伤亡事故可能发生的主要地点。

高处作业时的安全措施有设置防护栏杆，孔洞加盖，安装安全防护门，满挂安全平立网，必要时设置安全防护棚等。

(1)施工前，应逐级进行安全技术教育及交底，落实所有安全技术措施和个人防护用品，未经落实时不得进行施工。

(2)高处作业中的安全标志、工具、仪表、电气设施和各种设备，必须在施工前加以检查，确认其完好，方能投入使用。

(3)悬空、攀登高处作业以及搭设高处安全设施的人员必须按照国家有关规定，经过专门的安全作业培训，并取得特种作业操作资格证书后，方可上岗作业。

(4)从事高处作业的人员必须定期进行身体检查，诊断患有心脏病、贫血、高血压、癫痫病、恐高症及其他不适宜高处作业的疾病时，不得从事高处作业。

(5)高处作业人员应头戴安全帽，身穿紧口工作服，脚穿防滑鞋，腰系安全带。

(6)高处作业场所有坠落可能的物体，应一律先行撤除或予以固定。所用物件均应堆放平稳，不妨碍通行和装卸。工具应随手放入工具袋，拆卸下的物件及余料和废料均应及时清理运走，清理时应采用传递或系绳提溜方式，禁止抛掷。

(7)遇有六级以上强风、浓雾和大雨等恶劣天气，不得进行露天悬空与攀登高处作业。台风暴雨后，应对高处作业安全设施逐一检查,发现有松动、变形、损坏或脱落、漏雨、漏电等现象,应立即修理完善或重新设置。

(8)所有安全防护设施和安全标志等,任何人都不得损坏或擅自移动和拆除。因作业必须临时拆除或变动安全防护设施、安全标志时,必须经有关施工负责人同意,并采取相应的可靠措施,作业完毕后立即恢复。

(9)施工中对高处作业的安全技术设施发现有缺陷和隐患时,必须立即报告,及时解决。危及人身安全时,必须立即停止作业。

2. 高处作业的基本安全技术措施

(1)凡是临边作业,都要在临边处设置防护栏杆,一般上杆离地面高度为 1.0~1.2m,下杆离地面高度为 0.5~0.6m;防护栏杆必须自上而下用安全网封闭,或在栏杆下边设置严密固定的高度不低于 18cm 的挡脚板或 40cm 的挡脚竹笆。

(2)对于洞口作业,可根据具体情况采取设防护栏杆、加盖板、张挂安全网与装栅门等措施。

(3)进行攀登作业时,作业人员要从规定的通道上下,不能在阳台之间等非规定通道进行攀登,也不得任意利用吊车车臂架等施工设备进行攀登。

(4)进行悬空作业时,要设有牢靠的作业立足处,并视具体情况设防护栏杆,搭设架手架、操作平台,使用马凳,张挂安全网或其他安全措施;作业所用索具、脚手板、吊篮、吊笼、平台等设备,均需经技术鉴定方能使用。

(5)进行交叉作业时,注意不得在上下同一垂直方向上操作,下层作业的位置必须处于依上层高度确定的可能坠落范围之外。不符合以上条件时,必须设置安全防护层。

(6)结构施工自二层起,凡人员进出的通道口(包括井架、施工电梯的进出口),均应搭设安全防护棚。高度超过 24m 时,防护棚应设双层。

(7)建筑施工进行高处作业之前,应进行安全防护设施的检查和验收。验收合格后,方可进行高处作业。

3.高处作业安全防护用品使用常识

由于建筑行业的特殊性,高处作业中发生高处坠落、物体打击事故的比例最大。要避免伤亡事故,作业人员必须正确佩戴安全帽,调好帽箍,系好帽带;正确使用安全带,高挂低用;按规定架设安全网。

(1)安全帽。对人体头部受外力伤害(如物体打击)起防护作用的帽子。使用时要注意:

①选用经有关部门检验合格,其上有"安鉴"标志的安全帽。

②使用安全帽前先检查外壳是否破损,有无合格帽衬,帽带是否齐全,如果不符合要求则立即更换。

③调整好帽箍、帽衬(4～5cm),系好帽带。

(2)安全带。高处作业人员预防坠落伤亡的防护用品。使用时要注意:

①选用经有关部门检验合格的安全带,并保证在使用有效期内。

②安全带严禁打结、续接。

③使用中,要可靠地挂在牢固的地方,高挂低用,且要防止摆动,避免明火和刺割。

④2m 以上的悬空作业,必须使用安全带。

⑤在无法直接挂设安全带的地方,应设置挂安全带的安全拉绳、安全栏杆等。

（3）安全网。用来防止人、物坠落或用来避免、减轻坠落及物体打击伤害的网具。使用时要注意：

①要选用有合格证的安全网；在使用时，必须按规定到有关部门检测、检验合格，方可使用。

②安全网若有破损、老化，应及时更换。

③安全网与架体连接不宜绷得太紧，系结点要沿边分布均匀、绑牢。

④立网不得作为平网使用。

⑤立网必须选用密目式安全网。

四、脚手架作业安全技术常识

1. 脚手架的作用及常用架型

脚手架的搭设、拆除作业属悬空、攀登高处作业，其作业人员必须按照国家有关规定经过专门的安全作业培训，并取得特种作业操作资格证书后，方可上岗作业。其他无资格证书的作业人员只能做一些辅助工作，严禁悬空、登高作业。

脚手架的主要作用是在高处作业时供堆料、短距离水平运输及作业人员在上面进行施工作业。高处作业的五种基本类型的安全隐患在脚手架上作业中都会发生。

脚手架应满足以下基本要求：

（1）要有足够的牢固性和稳定性，保证施工期间在所规定的荷载和气候条件下，不产生变形、倾斜和摇晃。

（2）要有足够的使用面积，满足堆料、运输、操作和行走的要求。

（3）构造要简单，搭设、拆除和搬运要方便。

常用脚手架有扣件式钢管脚手架、门型钢管脚手架、碗扣式钢管架等。此外还有附着升降脚手架、吊篮式脚手架、挂式脚手架等。

2.脚手架作业一般安全技术常识

（1）每项脚手架工程都要有经批准的施工方案并严格按照此方案搭设和拆除，作业前必须组织全体作业人员熟悉施工和作业要求，进行安全技术交底。班组长要带领作业人员对施工作业环境及所需工具、安全防护设施等进行检查，消除隐患后方可作业。

（2）脚手架要结合工程进度搭设，结构施工时脚手架要始终高出作业面一步架，但不宜一次搭得过高。未完成的脚手架，作业人员离开作业岗位（休息或下班）时，不得留有未固定的构件，并应保证架子稳定。

脚手架要经验收签字后方可使用。分段搭设时应分段验收。在使用过程中要定期检查，较长时间停用、台风或暴雨过后使用前要进行检查加固。

（3）落地式脚手架基础必须坚实，若是回填土，必须平整夯实，并做好排水措施，以防止地基沉陷引起架子沉降、变形、倒塌。当基础不能满足要求时，可采取挑、吊、撑等技术措施，将荷载分段卸到建筑物上。

（4）设计搭设高度较小（15m 以下）时，可采用抛撑；当设计高度较大时，采用既抗拉又抗压的连墙点（根据规范用柔性或刚性连墙点）。

（5）施工作业层的脚手板要满铺、牢固，离墙间隙不大于15cm，并不得出现探头板；在架子外侧四周设 1.2m 高的防护栏杆及 18cm 的挡脚板，且在作业层下装设安全平网；架体外排立杆内侧挂设密目式安全立网。

(6)脚手架出入口须设置规范的通道口防护棚;外侧临街或高层建筑脚手架,其外侧应设置双层安全防护棚。

(7)架子使用中,通常架上的均布荷载,不应超过规范规定。人员、材料不要太集中。

(8)在防雷保护范围之外,应按规定安装防雷保护装置。

(9)脚手架拆除时,应设警戒区和醒目标志,有专人负责警戒;架体上的材料、杂物等应消除干净;架体若有松动或危险的部位,应予以先行加固,再进行拆除。

(10)拆除顺序应遵循"自上而下,后装的构件先拆,先装的后拆,一步一清"的原则,依次进行。不得上下同时拆除作业,严禁用踏步式、分段、分立面拆除法。

(11)拆下来的杆件、脚手板、安全网等应用运输设备运至地面,严禁从高处向下抛掷。

五、施工现场临时用电安全知识

1. 现场临时用电安全基本原则

(1)建筑施工现场的电工、电焊工属于特种作业工种,必须按国家有关规定经专门安全作业培训,取得特种作业操作资格证书,方可上岗作业。其他人员不得从事电气设备及电气线路的安装、维修和拆除。

(2)建筑施工现场必须采用 TN-S 接零保护系统,即具有专用保护零线(PE 线)、电源中性点直接接地的 220/380V 三相五线制系统。

(3)建筑施工现场必须按"三级配电二级保护"设置。

(4)施工现场的用电设备必须实行"一机、一闸、一漏、一箱"制,即每台用电设备必须有自己专用的开关箱,专用开关箱内必须设置独立的隔离开关和漏电保护器。

(5)严禁在高压线下方搭设临建、堆放材料和进行施工作业;在高压线一侧作业时,必须保持至少 6m 的水平距离,达不到上述距离时,必须采取隔离防护措施。

(6)在宿舍工棚、仓库、办公室内,严禁使用电饭煲、电水壶、电炉、电热杯等较大功率电器。如需使用,应由项目部安排专业电工在指定地点安装,可使用较高功率电器的电气线路和控制器。严禁使用不符合安全要求的电炉、电热棒等。

(7)严禁在宿舍内乱拉、乱接电源,非专职电工不准乱接或更换熔丝,不准以其他金属丝代替熔丝(保险丝)。

(8)严禁在电线上晾衣服和挂其他东西等。

(9)搬运较长的金属物体,如钢筋、钢管等材料时,应注意不要碰触到电线。

(10)在临近输电线路的建筑物上作业时,不能随便往下扔金属类杂物;更不能触摸、拉动电线或与电线接触的钢丝和电杆的拉线。

(11)移动金属梯子和操作平台时,要观察高处输电线路与移动物体的距离,确认有足够的安全距离,再进行作业。

(12)在地面或楼面上运送材料时,不要踏在电线上;停放手推车,堆放钢模板、跳板、钢筋时,不要压在电线上。

(13)移动有电源线的机械设备,如电焊机、水泵、小型木工机械等,必须先切断电源,不能带电搬动。

(14)当发现电线坠地或设备漏电时,切不可随意跑动和触摸金属物体,并应保持 10m 以上距离。

2. 安全电压

安全电压是为防止触电事故而采用的 50V 以下特定电源

供电的电压系列,分为 42V、36V、24V、12V 和 6V 五个等级,根据不同的作业条件,选用不同的安全电压等级。建筑施工现场常用的安全电压有 12V、24V、36V。

以下特殊场所必须采用安全电压照明供电:

(1)室内灯具离地面低于 2.4m,手持照明灯具、一般潮湿作业场所(地下室、潮湿室内、潮湿楼梯、隧道、人防工程以及有高温、导电灰尘等)的照明,电源电压应不大于 36V。

(2)潮湿和易触及带电体场所的照明电源电压,应不大于 24V。

(3)在特别潮湿的场所、锅炉或金属容器内、导电良好的地面使用手持照明灯具等,照明电源电压不得大于 12V。

3. 电线的相色

(1)正确识别电线的相色。

电源线路可分为工作相线(火线)、专用工作零线和专用保护零线。一般情况下,工作相线(火线)带电危险,专用工作零线和专用保护零线不带电(但在不正常情况下,工作零线也可以带电)。

(2)相色规定。

一般相线(火线)分为 A、B、C 三相,分别为黄色、绿色、红色;工作零线为黑色;专用保护零线为黄绿双色线。

严禁用黄绿双色、黑色、蓝色线充当相线,也严禁用黄色、绿色、红色线作为工作零线和保护零线。

4. 插座的使用

要正确使用与安装插座。

(1)插座分类。

常用的插座分为单相双孔、单相三孔和三相三孔、三相四孔等。

（2）选用与安装接线。

①三孔插座应选用"品字形"结构，不应选用等边三角形排列的结构，因为后者容易发生三孔互换，造成触电事故。

②插座在电箱中安装时，必须首先固定安装在安装板上，接地极与箱体一起作可靠的 PE 保护。

③三孔或四孔插座的接地孔（较粗的一个孔），必须置于顶部位置，不可倒置，两孔插座应水平并列安装，不准垂直并列安装。

④插座接线要求：对于两孔插座，左孔接零线，右孔接相线；对于三孔插座，左孔接零线，右孔接相线，上孔接保护零线；对于四孔插座，上孔接保护零线，其他三孔分别接 A、B、C 三根相线。

5."用电示警"标志

正确识别"用电示警"标志或标牌，不得随意靠近、随意损坏和挪动标牌（表 3-2）。进入施工现场的每个人都必须认真遵守用电管理规定，见到用电示警标志或标牌时，不得随意靠近，更不准随意损坏、挪动标牌。

表 3-2   用电示警标志分类和使用

分类 \ 使用	颜色	使用场所
常用电力标志	红色	配电房、发电机房、变压器等重要场所
高压示警标志	字体为黑色，箭头和边框为红色	需高压示警场所
配电房示警标志	字体为红色，边框为黑色（或字与边框交换颜色）	配电房或发电机房

续表

分类　　　　使用	颜色	使用场所
维护检修示警标志	底为红色,字为白色(或字为红色,底为白色,边框为黑色)	维护检修时相关场所
其他用电示警标志	箭头为红色,边框为黑色,字为红色或黑色	其他一般用电场所

6. 电气线路的安全技术措施

(1)施工现场电气线路全部采用"三相五线制"(TN-S 系统)专用保护接零(PE 线)系统供电。

(2)施工现场架空线采用绝缘铜线。

(3)架空线设在专用电杆上,严禁架设在树木、脚手架上。

(4)导线与地面保持足够的安全距离。

导线与地面最小垂直距离:施工现场应不小于 4m;机动车道应不小于 6m;铁路轨道应不小于 7.5m。

(5)无法保证规定的电气安全距离时,必须采取防护措施。

如果由于在建工程位置限制而无法保证规定的电气安全距离,必须采取设置防护性遮拦、栅栏,悬挂警告标志牌等防护措施,发生高压线断线落地时,非检修人员要远离落地处 10m 以外,以防跨步电压危害。

(6)为了防止设备外壳带电发生触电事故,设备应采用保护接零,并安装漏电保护器等措施。作业人员要经常检查保护零线连接是否牢固可靠,漏电保护器是否有效。

(7)在电箱等用电危险地方,挂设安全警示牌。如"有电危险""禁止合闸,有人工作"等。

7. 照明用电的安全技术措施

施工现场临时照明用电的安全要求如下：

(1)临时照明线路必须使用绝缘导线。户内(工棚)临时线路的导线必须安装在离地 2m 以上的支架上；户外临时线路必须安装在离地 2.5m 以上的支架上，零星照明线不允许使用花线，一般应使用软电缆线。

(2)建设工程的照明灯具宜采用拉线开关。拉线开关距地面高度为 2～3m，与出口、入口的水平距离为 0.15～0.2m。

(3)严禁在床头设立开关和插座。

(4)电器、灯具的相线必须经过开关控制。

不得将相线直接引入灯具，也不允许以电气插头代替开关来分合电路，室外灯具距地面不得低于 3m；室内灯具不得低于 2.4m。

(5)使用手持照明灯具(行灯)应符合一定的要求：

①电源电压不超过 36V。

②灯体与手柄应坚固，绝缘良好，并耐热防潮湿。

③灯头与灯体结合牢固。

④灯泡外部要有金属保护网。

⑤金属网、反光罩、悬吊挂钩应固定在灯具的绝缘部位上。

(6)照明系统中每一单相回路上，灯具和插座数量不宜超过 25 个，并应装设熔断电流为 15A 以下的熔断保护器。

8. 配电箱与开关箱的安全技术措施

施工现场临时用电一般采用三级配电方式，即总配电箱(或配电室)，下设分配电箱，再以下设开关箱，开关箱以下就是用电设备。

配电箱和开关箱的使用安全要求如下：

(1)配电箱、开关箱的箱体材料，一般应选用钢板，亦可选用绝缘板，但不宜选用木质材料。

(2)配电箱、开关箱应安装端正、牢固，不得倒置、歪斜。

固定式配电箱、开关箱的下底与地面垂直距离应大于或等于1.3m且小于或等于1.5m；移动式配电箱、开关箱的下底与地面的垂直距离应大于或等于0.6m且小于或等于1.5m。

(3)进入开关箱的电源线，严禁用插销连接。

(4)电箱之间的距离不宜太远。

配电箱与开关箱的距离不得超过30m。开关箱与固定式用电设备的水平距离不宜超过3m。

(5)每台用电设备应有各自专用的开关箱，且必须满足"一机、一闸、一漏、一箱"的要求，严禁用同一个开关电器直接控制两台及两台以上用电设备(含插座)。

开关箱中必须设漏电保护器，其额定漏电动作电流应不大于30mA，漏电动作时间应不大于0.1s。

(6)所有配电箱门应配锁，不得在配电箱和开关箱内挂接或插接其他临时用电设备，开关箱内严禁放置杂物。

(7)配电箱、开关箱的接线应由电工操作，非电工人员不得乱接。

9. 配电箱和开关箱的使用要求

(1)在停电、送电时，配电箱、开关箱之间应遵守合理的操作顺序。

送电操作顺序：总配电箱→分配电箱→开关箱。

断电操作顺序：开关箱→分配电箱→总配电箱。

正常情况下，停电时首先分断自动开关，然后分断隔离开关;送电时先合隔离开关,后合自动开关。

(2)使用配电箱、开关箱时,操作者应接受岗前培训,熟悉所使用设备的电气性能和掌握有关开关的正确操作方法。

(3)及时检查、维修,更换熔断器的熔丝必须用原规格的熔丝,严禁用铜线、铁线代替。

(4)配电箱的工作环境应经常保持设置时的要求,不得在其周围堆放任何杂物,保持必要的操作空间和通道。

(5)维修机器停电作业时,要与电源负责人联系停电,要悬挂警示标志,卸下保险丝,锁上开关箱。

◗ 10. 手持电动机具的安全使用要求

(1)一般场所应选用Ⅰ类手持式电动工具,并应装设额定漏电动作电流不大于 15mA、额定漏电动作时间小于 0.1s 的漏电保护器。

(2)在露天、潮湿场所或金属构架上操作时,必须选用Ⅱ类手持式电动工具,并装设漏电保护器,严禁使用Ⅰ类手持式电动工具。

(3)负荷线必须采用耐用的橡皮护套铜芯软电缆。

单相用三芯(其中一芯为保护零线)电缆;三相用四芯(其中一芯为保护零线)电缆;电缆不得有破损或老化现象,中间不得有接头。

(4)手持电动工具应配备装有专用的电源开关和漏电保护器的开关箱,严禁一台开关接两台以上设备,其电源开关应采用双刀控制。

(5)手持电动工具开关箱内应采用插座连接,其插头、插座应无损坏、无裂纹,且绝缘良好。

(6)使用手持电动工具前,必须检查外壳、手柄、负荷线、插头等是否完好无损,接线是否正确(防止相线与零线错接);发现工具外壳、手柄破裂,应立即停止使用并进行更换。

(7)非专职人员不得擅自拆卸和修理工具。

(8)作业人员使用手持电动工具时,应穿绝缘鞋,戴绝缘手套,操作时握其手柄,不得利用电缆提拉。

(9)长期搁置不用或受潮的工具在使用前应由电工测量绝缘阻值是否符合要求。

11. 触电事故及原因分析

(1)缺乏电气安全知识,自我保护意识淡薄。

电气设施安装或接线不是由专业电工操作,而是由非专业人员安装。安装人又无基本的电气安全知识,装设不符合电气基本要求,造成意外的触电事故。发生这种触电事故的原因都是缺乏电气安全知识,无自我保护意识。

(2)违反安全操作规程。

施工现场中,有人图方便,不用插头,在电箱乱拉乱接电线。还有人在宿舍私自拉接电线照明,在床上接音响设备、电风扇,有的甚至烧水、做饭等,极易造成触电事故。也有人凭经验用手去试探电器是否带电或不采取安全措施带电作业,或带着侥幸心理,在带电体(如高压线)周围,不采取任何安全措施,违章作业,造成触电事故等。

(3)不使用"TN-S"接零保护系统。

有的工地未使用"TN-S"接零保护系统,或者未按要求连接专用保护接零线,无有效地安全保护系统。不按"三级配电二级保护""一机、一闸、一漏、一箱"设置,造成工地用电使用混乱,易造成误操作,并且在触电时,使得安全保护系统未起可靠的安全保护效果。

（4）电气设备安装不合格。

电气设备安装必须遵守安全技术规定，否则由于安装错误，当人身接触带电部分时，就会造成触电事故。如电线高度不符合安全要求，太低，架空线乱拉、乱扯，有的还将电线拴在脚手架上，导线的接头只用老化的绝缘布包上，以及电气设备没有做保护接地、保护接零等，一旦漏电就会发生严重触电事故。

（5）电气设备缺乏正常检修和维护。

由于电气设备长期使用，易出现电气绝缘老化、导线裸露、胶盖刀闸胶木破损、插座盖子损坏等。如不及时检修，一旦漏电，将造成严重后果。

（6）偶然因素。

电力线被风刮断，导线接触地面引起跨步电压，当人走近该地区时就会发生触电事故。

六、起重吊装机械安全操作常识

1. 基本要求

塔式起重机、施工电梯、物料提升机等施工起重机械的操作（也称为司机）、指挥、司索等作业人员属特种作业，必须按国家有关规定经专门安全作业培训，取得特种作业操作资格证书，方可上岗作业。

施工起重机械（也称垂直运输设备）必须由有相应的制造（生产）许可证的企业生产，并有出厂合格证。其安装、拆除、加高及附墙施工作业，必须由有相应作业资格的队伍作业，作业人员必须按国家有关规定经专门安全作业培训，取得特种作业操作资格证书，方可上岗作业。其他非专业人员不得上岗作业。安装、拆卸、加高及附墙施工作业前，必须有经审批、审查的施工方案,并进行方案及安全技术交底。

2.塔式起重机使用安全常识

(1)起重机"十不吊"。

①起重臂和吊起的重物下面有人停留或行走不准吊。

②起重指挥应由技术培训合格的专职人员担任,无指挥或信号不清不准吊。

③钢筋、型钢、管材等细长和多根物件必须捆扎牢靠,多点起吊。单头"千斤"或捆扎不牢靠不准吊。

④多孔板、积灰斗、手推翻斗车不用四点吊或大模板外挂板不用卸甲不准吊。预制钢筋混凝土楼板不准双拼吊。

⑤吊砌块必须使用安全可靠的砌块夹具,吊砖必须使用砖笼,并堆放整齐。木砖、预埋件等零星物件要用盛器堆放稳妥,叠放不齐不准吊。

⑥楼板、大梁等吊物上站人不准吊。

⑦埋入地下的板桩、井点管等以及粘连、附着的物件不准吊。

⑧多机作业,应保证所吊重物距离不小于 3m,在同一轨道上多机作业,无安全措施不准吊。

⑨六级以上强风不准吊。

⑩斜拉重物或超过机械允许荷载不准吊。

(2)塔式起重机吊运作业区域内严禁无关人员入内,起吊物下方不准站人。

(3)司机(操作)、指挥、司索等工种应按有关要求配备,其他人员不得作业。

(4)六级以上强风不准吊运物件。

(5)作业人员必须听从指挥人员的指挥,吊物起吊前作业人员应撤离。

（6）吊物的捆绑要求。

①吊运物件时，应清楚重量，吊运点及绑扎应牢固可靠。

②吊运散件物时，应用铁制合格料斗，料斗上应设有专用的牢固的吊装点；料斗内装物高度不得超过料斗上口边，散粒状的轻浮易撒盛装高度应低于上口边线 10cm。

③吊运长条状物品（如钢筋、长条状木方等），所吊物件应在物品上选择两个均匀、平衡的吊点，绑扎牢固。

④吊运有棱角、锐边的物品时，钢丝绳绑扎处应做好防护措施。

3. 施工电梯使用安全常识

施工电梯也称外用电梯，也有称为（人、货两用）施工升降机，是施工现场垂直运输人员和材料的主要机械设备。

（1）施工电梯投入使用前，应在首层搭设出入口防护棚，防护棚应符合有关高处作业规范。

（2）电梯在大雨、大雾、六级以上大风以及导轨架、电缆等结冰时，必须停止使用，并将梯笼降到底层，切断电源。暴风雨后，应对电梯各安全装置进行一次检查，确认正常，方可使用。

（3）电梯底笼周围 2.5m 范围，应设置防护栏杆。

（4）电梯各出料口运输平台应平整牢固，还应安装牢固可靠的栏杆和安全门，使用时安全门应保持关闭。

（5）电梯使用应有明确的联络信号，禁止用敲打、呼叫等方式联络。

（6）乘坐电梯时，应先关好安全门，再关好梯笼门，方可启动电梯。

（7）梯笼内乘人或载物时，应使载荷均匀分布，不得偏重；严禁超载运行。

(8)等候电梯时,应站在建筑物内,不得聚集在通道平台上,也不得将头手伸出栏杆和安全门外。

(9)电梯每班首次载重运行时,当梯笼升离地面 1~2m 时,应停机试验制动器的可靠性;当发现制动效果不良时,应调整或修复后方可投入使用。

(10)操作人员应根据指挥信号操作。作业前应鸣声示意。在电梯未切断总电源开关前,操作人员不得离开操作岗位。

(11)施工电梯发生故障的处理。

①当运行中发现异常情况时,应立即停机并采取有效措施,将梯笼降到底层,排除故障后方可继续运行。

②在运行中发现电梯失控时,应立即按下急停按钮;在未排除故障前,不得打开急停按钮。

③在运行中发现制动器失灵时,可将梯笼开至底层维修;或者让其下滑防坠安全器制动。

④在运行中发现故障时,不要惊慌,电梯的安全装置将提供可靠的保护;应听从专业人员的安排,或等待修复,或听从专业人员的指挥撤离。

(12)作业后,应将梯笼降到底层,各控制开关拨到零位,切断电源,锁好开关箱,闭锁梯笼门和围护门。

4. 物料提升机使用安全常识

物料提升机有龙门架、井字架式的,也有的称为(货用)施工升降机,是施工现场物料垂直运输的主要机械设备。

(1)物料提升机用于运载物料,严禁载人上下;装卸料人员、维修人员必须在安全装置可靠或采取了可靠的措施后,方可进入吊笼内作业。

(2)物料提升机进料口必须加装安全防护门,并按高处作业规范搭设防护棚,并设安全通道,防止从棚外进入架体中。

(3)物料提升机在运行时,严禁对设备进行保养、维修,任何人不得攀登架体或从架体内穿过。

(4)运载物料的要求。

①运送散料时,应使用料斗装载,并放置平稳;使用手推斗车装置于吊笼时,必须将手推斗车平稳并制动放置,注意车把手及车不能伸出吊笼。

②运送长料时,物料不得超出吊笼;物料立放时,应捆绑牢固。

③物料装载时,应均匀分布,不得偏重,严禁超载运行。

(5)物料提升机的架体应有附墙或缆风绳,并应牢固可靠,符合说明书和规范的要求。

(6)物料提升机的架体外侧应用小网眼安全网封闭,防止物料在运行时坠落。

(7)禁止在物料提升机架体上进行焊接、切割或者钻孔等作业,防止损伤架体的任何构件。

(8)出料口平台应牢固可靠,并应安装防护栏杆和安全门。运行时安全门应保持关闭。

(9)吊笼上应有安全门,防止物料坠落;并且安全门应与安全停靠装置联锁。安全停靠装置应灵敏可靠。

(10)楼层安全防护门应有电气或机械锁装置,在安全门未可靠关闭时,禁止吊笼运行。

(11)作业人员等待吊笼时,应在建筑物内或者平台内距安全门1m以外处等待。严禁将头、手伸出栏杆或安全门。

(12)进出料口应安装明确的联络信号,高架提升机还应有可视系统。

5.起重吊装作业安全常识

起重吊装是指建筑工程中,采用相应的机械设备和设施来完成结构吊装和设施安装,属于危险作业,作业环境复杂,技术难度大。

(1)作业前应根据作业特点编制专项施工方案,并对参加作业人员进行方案和安全技术交底。

(2)作业时周边应设置警戒区域,设置醒目的警示标志,防止无关人员进入;特别危险处应设监护人员。

(3)起重吊装作业大多数作业点都必须由专业技术人员作业;属于特种作业的人员必须按国家有关规定经专门安全作业培训,取得特种作业操作资格证书,方可上岗作业。

(4)作业人员应根据现场作业条件选择安全的位置作业。在卷扬机与地滑轮穿越钢丝绳的区域,禁止人员站立和通行。

(5)吊装过程必须设有专人指挥,其他人员必须服从指挥。起重指挥不能兼作其他工种,并应确保起重司机清晰准确地听到指挥信号。

(6)作业过程必须遵守起重机"十不吊"原则。

(7)被吊物的捆绑要求,按塔式起重机被吊物捆绑作业要求。

(8)构件存放场地应该平整坚实。构件叠放用方木垫平,必须稳固,不准超高(一般不宜超过 1.6m)。构件存放除设置垫木外,必要时要设置相应的支撑,提高其稳定性。禁止无关人员在堆放的构件中穿行,防止发生构件倒塌挤人事故。

(9)在露天遇六级以上大风或大雨、大雪、大雾等天气时,应停止起重吊装作业。

(10)起重机作业时,起重臂和吊物下方严禁有人停留、工作或通过。重物吊运时,严禁人从上方通过。严禁用起重机载运人员。

(11)经常使用的起重工具注意事项。

①手动倒链:操作人员应经培训合格后方可上岗作业,吊物时应挂牢后慢慢拉动倒链,不得斜向拽拉。当一人拉不动时,应查明原因,禁止多人一齐猛拉。

②手搬葫芦:操作人员应经培训合格后方可上岗作业,使用前检查自锁夹钳装置的可靠性,当夹紧钢丝绳后,应能往复运动,否则禁止使用。

③千斤顶:操作人员应经培训合格后方可上岗作业,千斤顶置于平整坚实的地面上,并垫木板或钢板,防止地面沉陷。顶部与光滑物接触面应垫硬木,防止滑动。开始操作应逐渐顶升,注意防止顶歪,始终保持重物的平衡。

七、中小型施工机械安全操作常识

1. 基本安全操作要求

施工机械的使用必须按"定人、定机"制度执行。操作人员必须经培训合格,方可上岗作业,其他人员不得擅自使用。机械使用前,必须对机械设备进行检查,各部位确认完好无损,并空载试运行,符合安全技术要求,方可使用。

施工现场机械设备必须按其控制的要求,配备符合规定的控制设备,严禁使用倒顺开关。在使用机械设备时,必须严格按照安全操作规程,严禁违章作业;发现有故障、有异常响动、温度异常升高时,都必须立即停机,经过专业人员维修,并检验合格后,方可重新投入使用。

操作人员应做到"调整、紧固、润滑、清洁、防腐"十字作业的要求,按有关要求对机械设备进行保养。操作人员在作业时,不得擅自离开工作岗位。下班时,应先将机械停止运行,然后断开电源,锁好电箱,方可离开。

2. 混凝土(砂浆)搅拌机安全操作要求

(1)搅拌机的安装一定要平稳、牢固。长期固定使用时,应埋置地脚螺栓;短期使用时,应在机座上铺设木枕或撑架找平,牢固放置。

(2)料斗提升时,严禁在料斗下工作或穿行。清理料斗坑时,必须先切断电源,锁好电箱,并将料斗双保险钩挂牢或插上保险插销。

(3)运转时,严禁将头或手伸入料斗与机架之间查看,不得用工具或物件伸入搅拌筒内。

(4)运转中严禁保养维修。维修保养搅拌机,必须拉闸断电,锁好电箱,挂好"有人工作,严禁合闸"牌,并有专人监护。

3. 混凝土振动器安全操作要求

常用的混凝土振动器有插入式和平板式。

(1)振动器应安装漏电保护装置,保护接零应牢固可靠。作业时操作人员应穿戴绝缘胶鞋和绝缘手套。

(2)使用前,应检查各部位无损伤,并确认连接牢固,旋转方向正确。

(3)电缆线应满足操作所需的长度。严禁用电缆线拖拉或吊挂振动器。振动器不得在初凝的混凝土、地板、脚手架和干硬的地面上进行试振。在检修或作业间断时,应断开电源。

(4)作业时,振动棒软管的弯曲半径不得小于 500mm,并不得多于两个弯,操作时应将振动棒垂直地沉入混凝土,不得用力硬插、斜推或让钢筋夹住棒头,也不得全部插入混凝土中,插入深度不应超过棒长的 3/4,不宜触及钢筋、芯管及预埋件。

(5)作业停止需移动振动器时,应先关闭电动机,再切断电源。不得用软管拖拉电动机。

(6)平板式振动器工作时,应使平板与混凝土保持接触,待表面出浆,不再下沉后,即可缓慢移动;运转时,不得搁置在已凝或初凝的混凝土上。

(7)移动平板式振动器应使用干燥绝缘的拉绳,不得用脚踢电动机。

🔧 4.钢筋切断机安全操作要求

(1)机械未达到正常转速时,不得切料。切料时,应使用切刀的中、下部位,紧握钢筋对准刃口迅速投入,操作者应站在固定刀片一侧用力压住钢筋,应防止钢筋末端弹出伤人。严禁用两手在刀片两边握住钢筋俯身送料。

(2)不得剪切直径及强度超过机械铭牌规定的钢筋和烧红的钢筋。一次切断多根钢筋时,其总截面积应在规定范围内。

(3)切断短料时,手和切刀之间的距离应保持在 150mm 以上,如手握端小于 400mm 时,应采用套管或夹具将钢筋短头压住或夹牢。

(4)运转中严禁用手直接清除切刀附近的断头和杂物。钢筋摆动周围和切刀周围,不得停留非操作人员。

🔧 5.钢筋弯曲机安全操作要求

(1)应按加工钢筋的直径和弯曲半径的要求,装好相应规格的芯轴和成型轴、挡铁轴。芯轴直径应为钢筋直径的 2.5 倍。

挡铁轴应有轴套,挡铁轴的直径和强度不得小于被弯钢筋的直径和强度。

(2)作业时,应将钢筋需弯曲一端插入转盘固定销的间隙内,另一端紧靠机身固定销,并用手压紧;应检查机身固定销并确认安放在挡住钢筋的一侧,方可开动。

(3)作业中,严禁更换轴芯、销子和变换角度以及调整,也不得进行清扫和加油。

(4)对超过机械铭牌规定直径的钢筋严禁进行弯曲。不直的钢筋不得在弯曲机上弯曲。

(5)在弯曲钢筋的作业半径内和机身不设固定销的一侧严禁站人。

(6)转盘换向时,应待停稳后进行。

(7)作业后,应及时清除转盘及插入座孔内的铁锈、杂物等。

6. 钢筋调直切断机安全操作要求

(1)应按调直钢筋的直径,选用适当的调直块及传动速度。调直块的孔径应比钢筋直径大 2～5mm,传动速度应根据钢筋直径选用,直径大的宜选用慢速,经调试合格,方可作业。

(2)在调直块未固定、防护罩未盖好前不得送料。作业中严禁打开各部防护罩并调整间隙。

(3)当钢筋送入后,手与轮应保持一定的距离,不得接近。

(4)送料前应将不直的钢筋端头切除。导向筒前应安装一根 1m 长的钢管,钢筋应穿过钢管再送入调直机前端的导孔内。

7. 钢筋冷拉安全操作要求

(1)卷扬机的位置应使操作人员能见到全部的冷拉场地,卷扬机与冷拉中线的距离不得少于 5m。

（2）冷拉场地应在两端地锚外侧设置警戒区，并应安装防护栏及醒目的警示标志。严禁非作业人员在此停留。操作人员在作业时必须离开钢筋 2m 以外。

（3）卷扬机操作人员必须看到指挥人员发出的信号，并待所有的人员离开危险区后方可作业。冷拉应缓慢、均匀。当有停车信号或有人进入危险区时，应立即停拉，并稍稍放松卷扬机钢丝绳。

（4）夜间作业的照明设施，应装设在张拉危险区外。当需要装设在场地上空时，其高度应超过 5m。灯泡应加防护罩。

8. 圆盘锯安全操作要求

（1）锯片必须平整，锯齿尖锐，不得连续缺齿 2 个，裂纹长度不得超过 20mm。

（2）被锯木料厚度，以锯片能露出木料 10～20mm 为限。

（3）启动后，必须等待转速正常后，方可进行锯料。

（4）关料时，不得将木料左右晃动或者高抬，遇木节要慢送料。锯料长度不小于 500mm。接近端头时，应用推棍送料。

（5）若锯线走偏，应逐渐纠正，不得猛扳。

（6）操作人员不应站在锯片同一直线上操作。手臂不得跨越锯片工作。

9. 蛙式夯实机安全操作要求

（1）夯实作业时，应一人扶夯，一人传递电缆线，且必须戴绝缘手套和穿绝缘鞋。电缆线不得扭结或缠绕，且不得张拉过紧，应保持有 3～4m 的余量。移动时，应将电缆线移至夯机后方，不得隔机扔电缆线，当转向困难时，应停机调整。

（2）作业时，手握扶手应保持机身平衡，不得用力向后压，并应随时调整行进方向。转弯时不宜用力过猛，不得急转弯。

（3）夯实填高土方时，应在边缘以内 100～150mm 夯实 2～3 遍后，再夯实边缘。

（4）在较大基坑作业时，不得在斜坡上夯行，应避免造成夯头后折。

（5）夯实房心土时，夯板应避开房心地下构筑物、钢筋混凝土基桩、机座及地下管道等。

（6）在建筑物内部作业时，夯板或偏心块不得打在墙壁上。

（7）多机作业时，机平列间距不得小于 5m，前后间距不得小于 10m。

（8）夯机前进方向和夯机四周 1m 范围内，不得站立非操作人员。

10. 振动冲击夯安全操作要求

（1）内燃冲击夯启动后，内燃机应慢速运转 3～5min，然后逐渐加大油门，待夯机跳动稳定后，方可作业。

（2）电动冲击夯在接通电源启动后，应检查电动机旋转方向，有错误时应倒换相联系线。

（3）作业时应正确掌握夯机，不得倾斜，手把不宜握得过紧，能控制夯机前进速度即可。

（4）正常作业时，不得使劲往下压手把，以免影响夯机跳起高度。在较松的填料上作业或上坡时，可将手把稍向下压，增加夯机前进速度。

（5）电动冲击夯操作人员必须戴绝缘手套，穿绝缘鞋。作业时，电缆线不应拉得过紧，应经常检查线头安装，不得松动及引起漏电。严禁冒雨作业。

11.潜水泵安全操作要求

(1)潜水泵宜先装在坚固的篮筐里再放入水中,亦可在水中将泵的四周设立坚固的防护围网。泵应直立于水中,水深不得小于 0.5m,不得在含有泥沙的水中使用。

(2)潜水泵放入水中或提出水面时,应先切断电源,严禁拉拽电缆或出水管。

(3)潜水泵应装设保护接零和漏电保护装置,工作时泵周围30m 以内水面,不得有人、畜进入。

(4)应经常观察水位变化,叶轮中心至水平距离应在 0.5～3.0m 之间,泵体不得陷入污泥或露出水面。电缆不得与井壁、池壁相擦。

(5)每周应测定一次电动机定子绕组的绝缘电阻,其值应无下降。

12.交流电焊机安全操作要求

(1)外壳必须有保护接零,应有二次空载降压保护器和触电保护器。

(2)电源应使用自动开关,接线板应无损坏,有防护罩。一次线长度不超过 5m,二次线长度不得超过 30m。

(3)焊接现场 10m 范围内,不得有易燃、易爆物品。

(4)雨天不得室外作业。在潮湿地点焊接时,要站在胶板或其他绝缘材料上。

(5)移动电焊机时,应切断电源,不得用拖拉电缆的方法移动。当焊接中突然停电时,应立即切断电源。

13. 气焊设备安全操作要求

（1）氧气瓶与乙炔瓶使用时的间距不得小于 5m，存放时的间距不得小于 3m，并且距高温、明火等不得小于 10m；达不到上述要求时，应采取隔离措施。

（2）乙炔瓶存放和使用必须立放，严禁倒放。

（3）在移动气瓶时，应使用专门的抬架或小推车；严禁氧气瓶与乙炔瓶混合搬运；禁止直接使用钢丝绳、链条捆绑搬运。

（4）开关气瓶应使用专用工具。

（5）严禁敲击、碰撞气瓶，作业人员工作时不得吸烟。

第4部分　相关法律法规及务工常识

一、相关法律法规(摘录)

1. 中华人民共和国建筑法(摘录)

第三十六条　建筑工程安全生产管理必须坚持安全第一、预防为主的方针，建立健全安全生产的责任制度和群防群治制度。

第四十四条　建筑施工企业必须依法加强对建筑安全生产的管理，执行安全生产责任制度，采取有效措施，防止伤亡和其他安全生产事故的发生。

建筑施工企业的法定代表人对本企业的安全生产负责。

第四十六条　建筑施工企业应当建立健全劳动安全生产教育培训制度，加强对职工安全生产的教育培训；未经安全生产教育培训的人员，不得上岗作业。

第四十七条　建筑施工企业和作业人员在施工过程中，应当遵守有关安全生产的法律、法规和建筑行业安全规章、规程，不得违章指挥或者违章作业。作业人员有权对影响人身健康的作业程序和作业条件提出改进意见，有权获得安全生产所需的防护用品。作业人员对危及生命安全和人身健康的行为有权提出批评、检举和控告。

第四十八条　建筑施工企业应当依法为职工参加工伤保险，缴纳工伤保险费，鼓励企业为从事危险作业的职工办理意外伤害保险,支付保险费。

第五十一条 施工中发生事故时,建筑施工企业应当采取紧急措施减少人员伤亡和事故损失,并按照国家有关规定及时向有关部门报告。

2. 中华人民共和国劳动法(摘录)

第三条 劳动者享有平等就业和选择职业的权利、取得劳动报酬的权利、休息休假的权利、获得劳动安全卫生保护的权利、接受职业技能培训的权利、享受社会保险和福利的权利、提请劳动争议处理的权利以及法律规定的其他劳动权利。劳动者应当完成劳动任务,提高职业技能,执行劳动安全卫生规程,遵守劳动纪律和职业道德。

第十五条 禁止用人单位招用未满十六周岁的未成年人。

第十六条 劳动合同是劳动者与用人单位确立劳动关系、明确双方权利和义务的协议。

建立劳动关系应当订立劳动合同。

第五十四条 用人单位必须为劳动者提供符合国家规定的劳动安全卫生条件和必要的劳动防护用品,对从事有职业危害作业的劳动者应当定期进行健康检查。

第五十五条 从事特种作业的劳动者必须经过专门培训并取得特种作业资格。

第五十六条 劳动者在劳动过程中必须严格遵守安全操作规程。劳动者对用人单位管理人员违章指挥、强令冒险作业,有权拒绝执行;对危害生命安全和身体健康的行为,有权提出批评、检举和控告。

第五十八条 国家对女职工和未成年工实行特殊劳动保护。

未成年工是指年满十六周岁、未满十八周岁的劳动者。

第六十八条　用人单位应当建立职业培训制度,按照国家规定提取和使用职业培训经费,根据本单位实际,有计划地对劳动者进行职业培训。从事技术工种的劳动者,上岗前必须经过培训。

第七十二条　用人单位和劳动者必须依法参加社会保险,缴纳社会保险费。

第七十七条　用人单位与劳动者发生劳动争议,当事人可以依法申请调解、仲裁、提起诉讼,也可协商解决。调解原则适用于仲裁和诉讼程序。

3. 中华人民共和国安全生产法(摘录)

第六条　生产经营单位的从业人员有依法获得安全生产保障的权利,并应当依法履行安全生产方面的义务。

第十七条　生产经营单位应当具备本法和有关法律、行政法规和国家标准或者行业标准规定的安全生产条件;不具备安全生产条件的,不得从事生产经营活动。

第十八条　生产经营单位的主要负责人对本单位安全生产工作负有下列职责:

(一)建立、健全本单位安全生产责任制;

(二)组织制定本单位安全生产规章制度和操作规程;

(三)组织制定并实施本单位安全生产教育和培训计划;

(四)保证本单位安全生产投入的有效实施;

(五)督促、检查本单位的安全生产工作,及时消除生产安全事故隐患;

(六)组织制定并实施本单位的生产安全事故应急救援预案;

（七）及时、如实报告生产安全事故。

第二十五条　生产经营单位应当对从业人员进行安全生产教育和培训，保证从业人员具备必要的安全生产知识，熟悉有关的安全生产规章制度和安全操作规程，掌握本岗位的安全操作技能，了解事故应急处理措施，知悉自身在安全生产方面的权利和义务。未经安全生产教育和培训合格的从业人员，不得上岗作业。

第二十七条　生产经营单位的特种作业人员必须按照国家有关规定经专门的安全作业培训，取得相应资格，方可上岗作业。

特种作业人员的范围由国务院安全生产监督管理部门会同国务院有关部门确定。

第四十一条　生产经营单位应当教育和督促从业人员严格执行本单位的安全生产规章制度和安全操作规程；并向从业人员如实告知作业场所和工作岗位存在的危险因素、防范措施以及事故应急措施。

第四十二条　生产经营单位必须为从业人员提供符合国家标准或者行业标准的劳动防护用品，并监督、教育从业人员按照使用规则佩戴、使用。

第四十四条　生产经营单位应当安排用于配备劳动防护用品、进行安全生产培训的经费。

第四十八条　生产经营单位必须依法参加工伤保险，为从业人员缴纳保险费。

国家鼓励生产经营单位投保安全生产责任保险。

第四十九条　生产经营单位与从业人员订立的劳动合同，应当载明有关保障从业人员劳动安全、防止职业危害的事项，以及依法为从业人员办理工伤保险的事项。

生产经营单位不得以任何形式与从业人员订立协议,免除或者减轻其对从业人员因生产安全事故伤亡依法应承担的责任。

第五十条　生产经营单位的从业人员有权了解其作业场所和工作岗位存在的危险因素、防范措施及事故应急措施,有权对本单位的安全生产工作提出建议。

第五十一条　从业人员有权对本单位安全生产工作中存在的问题提出批评、检举、控告,有权拒绝违章指挥和强令冒险作业。

生产经营单位不得因从业人员对本单位安全生产工作提出批评、检举、控告或者拒绝违章指挥、强令冒险作业而降低其工资、福利等待遇,或者解除与其订立的劳动合同。

第五十二条　从业人员发现直接危及人身安全的紧急情况时,有权停止作业或者在采取可能的应急措施后撤离作业场所。

生产经营单位不得因从业人员在前款紧急情况下停止作业或者采取紧急撤离措施而降低其工资、福利等待遇或者解除与其订立的劳动合同。

第五十三条　因生产安全事故受到损害的从业人员,除依法享有工伤保险外,依照有关民事法律尚有获得赔偿的权利的,有权向本单位提出赔偿要求。

第五十四条　从业人员在作业过程中,应当严格遵守本单位的安全生产规章制度和操作规程,服从管理,正确佩戴和使用劳动防护用品。

第五十五条　从业人员应当接受安全生产教育和培训,掌握本职工作所需的安全生产知识,提高安全生产技能,增强事故预防和应急处理能力。

第五十六条　从业人员发现事故隐患或者其他不安全因

素,应当立即向现场安全生产管理人员或者本单位负责人报告;接到报告的人员应当及时予以处理。

4.建设工程安全生产管理条例(摘录)

第十八条　施工起重机械和整体提升脚手架、模板等自升式架设设施的使用达到国家规定的检验、检测期限的,必须经具有专业资质的检验、检测机构检测。经检测不合格的,不得继续使用。

第二十五条　垂直运输机械作业人员、安装拆卸工、爆破作业人员、起重信号工、登高架设作业人员等特种作业人员,必须按照国家有关规定经过专门的安全作业培训,并取得特种作业操作资格证书后,方可上岗作业。

第二十七条　建设工程施工前,施工单位负责项目管理的技术人员应当对有关安全施工的技术要求向施工作业班组、作业人员做出详细说明,并由双方签字确认。

第二十八条　施工单位应当在施工现场入口处、施工起重机械、临时用电设施、脚手架、出入通道口、楼梯口、电梯井口、孔洞口、桥梁口、隧道口、基坑边沿、爆破物及有害危险气体和液体存放处等危险部位,设置明显的安全警示标志。安全标志必须符合国家标准。

第二十九条　施工单位应当将施工现场的办公、生活区与作业区分开设置,并保持安全距离;办公、生活区的选择应当符合安全性要求。职工的膳食、饮水、休息场所等应当符合卫生标准。施工单位不得在尚未竣工的建筑物内设置员工集体宿舍。

施工现场临时搭建的建筑物应当符合安全使用要求。施工现场使用的装配式活动房屋应当具有产品合格证。

第三十二条　施工单位应当向作业人员提供安全防护用具

和安全防护服装,并书面告知危险岗位的操作规程和违章操作的危害。

作业人员有权对施工现场的作业条件、作业程序和作业方式中存在的安全问题提出批评、检举和控告,有权拒绝违章指挥和强令冒险作业。

在施工中发生危及人身安全的紧急情况时,作业人员有权立即停止作业或者在采取必要的应急措施后撤离危险区域。

第三十三条　作业人员应当遵守安全施工的强制性标准、规章制度和操作规程,正确使用安全防护用具、机械设备等。

第三十六条　施工单位应当对管理人员和作业人员每年至少进行一次安全生产教育培训,其教育培训情况记入个人工作档案。安全生产教育培训考核不合格的人员,不得上岗。

第三十七条　作业人员进入新的岗位或者新的施工现场前,应当接受安全生产教育培训。未经教育培训或者教育培训考核不合格的人员,不得上岗作业。

施工单位在采用新技术、新工艺、新设备、新材料时,应当对作业人员进行相应的安全生产教育培训。

第三十八条　施工单位应当为施工现场从事危险作业的人员办理意外伤害保险。

意外伤害保险费由施工单位支付。

5. 工伤保险条例(摘录)

第二条　中华人民共和国境内的企业、事业单位、社会团体、民办非企业单位、基金会、律师事务所、会计师事务所等组织和有雇工的个体工商户(以下称用人单位)应当依照本条例规定参加工伤保险,为本单位全部职工或者雇工(以下称职工)缴纳工伤保险费。

中华人民共和国境内的企业、事业单位、社会团体、民办非企业单位、基金会、律师事务所、会计师事务所等组织的职工和个体工商户的雇工，均有依照本条例的规定享受工伤保险待遇的权利。

第十条 用人单位应当按时缴纳工伤保险费。职工个人不缴纳工伤保险费。

第二十一条 职工发生工伤，经治疗伤情相对稳定后存在残疾、影响劳动能力的，应当进行劳动能力鉴定。

第三十条 职工因工作遭受事故伤害或者患职业病进行治疗，享受工伤医疗待遇……

二、务工就业及社会保险

1. 劳动合同

(1)用人单位应当依法与劳动者签订劳动合同。

劳动合同是劳动者与用人单位确立劳动关系、明确双方权利和义务的协议。建立劳动关系应当订立劳动合同。订立和变更劳动合同，应遵循平等自愿、协商一致的原则，不得违反法律、行政法规的规定。劳动合同应当具备以下必备条款：

①劳动合同期限。即劳动合同的有效时间。

②工作内容。即劳动者在劳动合同有效期内所从事的工作岗位(工种)，以及工作应达到的数量、质量指标或者应当完成的任务。

③劳动保护和劳动条件。即为了保障劳动者在劳动过程中的安全、卫生及其他劳动条件，用人单位根据国家有关法律、法规而采取的各项保护措施。

④劳动报酬。即在劳动者提供了正常劳动的情况下，用人

单位应当支付的工资。

　　⑤劳动纪律。即劳动者在劳动过程中必须遵守的工作秩序和规则。

　　⑥劳动合同终止的条件。即除了期限以外其他由当事人约定的特定法律事实,这些事实一出现,双方当事人之间的权利义务关系终止。

　　⑦违反劳动合同的责任。即当事人不履行劳动合同或者不完全履行劳动合同,所应承担的相应法律责任。

　　(2)试用期应包括在劳动合同期限之中。

　　根据《中华人民共和国劳动法》(以下简称《劳动法》)规定,用人单位与劳动者签订的劳动合同期限可以分为三类:

　　①有固定期限,即在合同中明确约定效力期间,期限可长可短,长到几年、十几年,短到一年或者几个月。

　　②无固定期限,即劳动合同中只约定了起始日期,没有约定具体终止日期。无固定期限劳动合同可以依法约定终止劳动合同条件,在履行中只要不出现约定的终止条件或法律规定的解除条件,一般不能解除或终止,劳动关系可以一直存续到劳动者退休为止。

　　③以完成一定的工作为期限,即以完成某项工作或者某项工程为有效期限,该项工作或者工程一经完成,劳动合同即终止。

　　签订劳动合同可以不约定试用期,也可以约定试用期,但试用期最长不得超过6个月。劳动合同期限在6个月以下的,试用期不得超过15日;劳动合同期限在6个月以上1年以下的,试用期不得超过30日;劳动合同期限在1年以上2年以下的,试用期不得超过60日。试用期包括在劳动合同期限中。非全日制劳动合同,不得约定试用期。

(3)订立劳动合同时,用人单位不得向劳动者收取定金、保证金或扣留居民身份证。

根据劳动保障部《劳动力市场管理规定》,禁止用人单位招用人员时向求职者收取招聘费用、向被录用人员收取保证金或抵押金、扣押被录用人员的身份证等证件。用人单位违反规定的,由劳动保障行政部门责令改正,并可处以1000元以下罚款;对当事人造成损害的,应承担赔偿责任。

(4)劳动者不必履行无效的劳动合同。

①无效的劳动合同是指不具有法律效力的劳动合同。根据《劳动法》的规定,下列劳动合同无效:

a.违反法律、行政法规的劳动合同。

b.采取欺诈、威胁等手段订立的劳动合同。劳动合同的无效,由劳动争议仲裁委员会或者人民法院确认。无效的劳动合同,从订立的时候起,就没有法律约束力。也就是说,劳动者自始至终都无须履行无效劳动合同。确认劳动合同部分无效的,如果不影响其余部分的效力,其余部分仍然有效。

②由于用人单位的原因订立的无效合同,对劳动者造成损害的,应当承担赔偿责任。具体包括:

a.造成劳动者工资收入损失的,按劳动者本人应得工资收入支付给劳动者,并加付应得工资收入25%的赔偿费用。

b.造成劳动者劳动保护待遇损失的,应按国家规定补足劳动者的劳动保护津贴和用品。

c.造成劳动者工伤、医疗待遇损失的,除按国家规定为劳动者提供工伤、医疗待遇外,还应支付劳动者相当于医疗费用25%的赔偿费用。

d.造成女职工和未成年工身体健康损害的,除按国家规定提供治疗期间的医疗待遇外,还应支付相当于其医疗费用25%

的赔偿费用。

e. 劳动合同约定的其他赔偿费用。

(5)用人单位不得随意变更劳动合同。

劳动合同的变更,是指劳动关系双方当事人就已订立的劳动合同的部分条款达成修改、补充或者废止协定的法律行为。《劳动法》规定,变更劳动合同,应当遵循平等自愿、协商一致的原则,不得违反法律、行政法规的规定。经双方协商同意依法变更后的劳动合同继续有效,对双方当事人都有约束力。

(6)解除劳动合同应当符合《劳动法》的规定。

劳动合同的解除,是指劳动合同有效成立后至终止前这段时期内,当具备法律规定的劳动合同解除条件时,因用人单位或劳动者一方或双方提出,而提前解除双方的劳动关系。根据《劳动法》的规定,劳动者可以和用人单位协商解除劳动合同,也可以在符合法律规定的情况下单方解除劳动合同。

①劳动者单方解除。

a.《劳动法》第三十一条规定:劳动者解除劳动合同,应当提前三十日以书面形式通知用人单位。这是劳动者解除劳动合同的条件和程序。劳动者提前三十日以书面形式通知用人单位解除劳动合同,无须征得用人单位的同意,用人单位应及时办理有关解除劳动合同的手续。但由于劳动者违反劳动合同的有关约定而给用人单位造成经济损失的,应依据有关规定和劳动合同的约定,由劳动者承担赔偿责任。

b.《劳动法》第三十二条规定:有下列情形之一的,劳动者可以随时通知用人单位解除劳动合同:

(a)在试用期内的;

(b)用人单位以暴力、威胁或者非法限制人身自由的手段强迫劳动的;

(c)用人单位未按照劳动合同约定支付劳动报酬或者提供劳动条件的。

②用人单位单方解除。

a.《劳动法》第二十五条规定,劳动者有下列情形之一的,用人单位可以解除劳动合同:

(a)在试用期间被证明不符合录用条件的;

(b)严重违反劳动纪律或者用人单位规章制度的;

(c)严重失职、营私舞弊,对用人单位利益造成重大损害的;

(d)被依法追究刑事责任的。

b.《劳动法》第二十六条规定:有下列情形之一的,用人单位可以解除劳动合同,但是应当提前三十日以书面形式通知劳动者本人:

(a)劳动者患病或者非因工负伤,医疗期满后,既不能从事原工作也不能从事由用人单位另行安排的工作的;

(b)劳动者不能胜任工作,经过培训或者调整工作岗位,仍不能胜任工作的;

(c)劳动合同订立时所依据的客观情况发生重大变化,致使原劳动合同无法履行,经当事人协商不能就变更劳动合同达成协议的。

c.《劳动法》第二十七条规定:用人单位濒临破产进行法定整顿期间或者生产经营状况发生严重困难,确需裁减人员的,应当提前三十日向工会或者全体职工说明情况,听取工会或者职工的意见,经向劳动保障行政部门报告后,可以裁减人员。并且规定,用人单位自裁减人员之日起六个月内录用人员的,应当优先录用被裁减的人员。

(7)用人单位解除劳动合同应当依法向劳动者支付经济补偿金。

根据《劳动法》规定,在下列情况下,用人单位解除与劳动者的劳动合同,应当根据劳动者在本单位的工作年限,每满一年发给相当于一个月工资的经济补偿金:

①经劳动合同当事人协商一致,由用人单位解除劳动合同的。

②劳动者不能胜任工作,经过培训或者调整工作岗位仍不能胜任工作,由用人单位解除劳动合同的。

以上两种情况下支付经济补偿金,最多不超过 12 个月。

③劳动合同订立时所依据的客观情况发生了重大变化,致使原劳动合同无法履行,经当事人协商不能就变更劳动合同达成协议,由用人单位解除劳动合同的。

④用人单位濒临破产进行法定整顿期间或者生产经营状况发生严重困难,必须裁减人员,由用人单位解除劳动合同的。

⑤劳动者患病或者非因工负伤,经劳动鉴定委员会确认不能从事原工作,也不能从事用人单位另行安排的工作而解除劳动合同的;在这类情况下,同时应发给不低于 6 个月工资的医疗补助费。劳动者患重病或者绝症的还应增加医疗补助费,患重病的增加部分不低于医疗补助费的 50%,患绝症的增加部分不低于医疗补助费的 100%。

另外,用人单位解除劳动者劳动合同后,未按以上规定给予劳动者经济补偿的,除必须全额发给经济补偿金外,还须按欠发经济补偿金数额的 50%支付额外经济补偿金。

经济补偿金应当一次性发给。劳动者在本单位工作时间不满一年的按一年的标准计算。计算经济补偿金的工资标准是企业正常生产情况下,劳动者解除合同前 12 个月的月平均工资;在以上第③、④、⑤类情况下,给予经济补偿金的劳动者月平均工资低于企业月平均工资的,应按企业月平均工资支付。

(8)用人单位不得随意解除劳动合同。

《劳动法》及《违反〈劳动法〉有关劳动合同规定的赔偿办法》(劳部发〔1995〕223号)规定,用人单位不得随意解除劳动合同。用人单位违法解除劳动合同的,由劳动保障行政部门责令改正;对劳动者造成损害的,应当承担赔偿责任。具体赔偿标准是:

①造成劳动者工资收入损失的,按劳动者本人应得工资收入支付劳动者,并加付应得工资收入25%的赔偿费用。

②造成劳动者劳动保护待遇损失的,应按国家规定补足劳动者的劳动保护津贴和用品。

③造成劳动者工伤、医疗待遇损失的,除按国家规定为劳动者提供工伤、医疗待遇外,还应支付劳动者相当于医疗费用25%的赔偿费用。

④造成女职工和未成年工身体健康损害的,除按国家规定提供治疗期间的医疗待遇外,还应支付相当于其医疗费用25%的赔偿费用。

⑤劳动合同约定的其他赔偿费用。

2. 工资

(1)用人单位应该按时足额支付工资。

《劳动法》中的"工资"是指用人单位依据国家有关规定或劳动合同的约定,以货币形式直接支付给本单位劳动者的劳动报酬,一般包括计时工资、计件工资、奖金、津贴和补贴、延长工作时间的工资报酬以及特殊情况下支付的工资等。

(2)用人单位不得克扣劳动者工资。

《劳动法》以及《违反〈中华人民共和国劳动法〉行政处罚办法》等规定,用人单位不得克扣劳动者工资。用人单位克扣劳动者工资的,由劳动保障行政部门责令支付劳动者的工资报酬,并加发相当于工资报酬 25% 的经济补偿金。并可责令用人单位按相当于支付劳动者工资报酬、经济补偿总和的一至五倍支付劳动者赔偿金。

"克扣工资"是指用人单位无正当理由扣减劳动者应得工资（即在劳动者已提供正常劳动的前提下，用人单位按劳动合同规定的标准应当支付给劳动者的全部劳动报酬）。

（3）用人单位不得无故拖欠劳动者工资。

《劳动法》以及《违反〈中华人民共和国劳动法〉行政处罚办法》等规定，用人单位无故拖欠劳动者工资的，由劳动保障行政部门责令支付劳动者的工资报酬，并加发相当于工资报酬 25% 的经济补偿金。并可责令用人单位按相当于支付劳动者工资报酬、经济补偿总和的一至五倍支付劳动者赔偿金。

"无故拖欠工资"是指用人单位无正当理由超过规定付薪时间未支付劳动者工资。

（4）农民工工资标准。

①在劳动者提供正常劳动的情况下，用人单位支付的工资不得低于当地最低工资标准。

根据《劳动法》、劳动保障部《最低工资规定》等规定，在劳动者提供正常劳动的情况下，用人单位应支付给劳动者的工资在剔除下列各项以后，不得低于当地最低工资标准：

a. 延长工作时间工资。

b. 中班、夜班、高温、低温、井下、有毒有害等特殊工作环境条件下的津贴。

c. 法律、法规和国家规定的劳动者福利待遇等。

实行计件工资或提成工资等工资形式的用人单位，在科学合理的劳动定额基础上，其支付劳动者的工资不得低于相应的最低工资标准。

用人单位违反以上规定的,由劳动保障行政部门责令其限期补发所欠劳动者工资,并可责令其按所欠工资的一至五倍支付劳动者赔偿金。

②在非全日制劳动者提供正常劳动的情况下,用人单位支付的小时工资不得低于当地小时工资最低标准。

劳动保障部《最低工资规定》《关于非全日制用工若干问题的意见》规定,非全日制用工是指以小时计酬、劳动者在同一用人单位平均每日工作时间不超过 5h、累计每周工作时间不超过 30h 的用工形式。用人单位应当按时足额支付非全日制劳动者的工资,具体可以按小时、日、周或月为单位结算。在非全日制劳动者提供正常劳动的情况下,用人单位支付的小时工资不得低于当地小时工资最低标准。非全日制用工的小时工资最低标准由省、自治区、直辖市规定。

③用人单位安排劳动者加班加点应依法支付加班加点工资。

《劳动法》以及《违反〈中华人民共和国劳动法〉行政处罚办法》等规定,用人单位安排劳动者加班加点应依法支付加班加点工资。用人单位拒不支付加班加点工资的,由劳动保障行政部门责令支付劳动者的工资报酬,并加发相当于工资报酬 25% 的经济补偿金。并可责令用人单位按相当于支付劳动者工资报酬、经济补偿总和的一至五倍支付劳动者赔偿金。

劳动者日工资可统一按劳动者本人的月工资标准除以每月制度工作天数进行折算。职工全年月平均工作天数和工作时间分别为 20.92 天和 167.4h,职工的日工资和小时工资按此进行折算。

3. 社会保险

(1)农民工有权参加基本医疗保险。

根据国家有关规定,各地要逐步将与用人单位形成劳动关系的农村进城务工人员纳入医疗保险范围。根据农村进城务工人员的特点和医疗需求,合理确定缴费率和保障方式,解决他们在务工期间的大病医疗保障问题,用人单位要按规定为其缴纳医疗保险费。对在城镇从事个体经营等灵活就业的农村进城务工人员,可以按照灵活就业人员参保的有关规定参加医疗保险。据此,在已经将农民工纳入医疗保险范围的地区,农民工有权参加医疗保险,用人单位和农民工本人应依法缴纳医疗保险费,农民工患病时,可以按照规定享受有关医疗保险待遇。

(2)农民工有权参加基本养老保险。

按照国务院《社会保险费征缴暂行条例》等有关规定,基本养老保险覆盖范围内的用人单位的所有职工,包括农民工,都应该参加养老保险,履行缴费义务。参加养老保险的农民合同制职工,在与企业终止或解除劳动关系后,由社会保险经办机构保留其养老保险关系,保管其个人账户并计息。凡重新就业的,应接续或转移养老保险关系;也可按照省级政府的规定,根据农民合同制职工本人申请,将其个人账户个人缴费部分一次性支付给本人,同时终止养老保险关系。农民合同制职工在男年满60周岁、女年满55周岁时,累计缴费年限满15年以上的,可按规定领取基本养老金;累计缴费年限不满15年的,其个人账户全部储存额一次性支付给本人。

(3)农民工有权参加失业保险。

根据《失业保险条例》规定,城镇企业事业单位招用的农民合同制工人应该参加失业保险,用人单位按规定为农民工缴纳社会保险费,农民合同制工人本人不缴纳失业保险费。单位招用的农民合同制工人连续工作满1年,本单位并已缴纳失业保险费,劳动合同期满未续订或者提前解除劳动合同的,由社会保险经办机构根据其工作时间长短,对其支付一次性生活补助。

补助的办法和标准由省、自治区、直辖市人民政府规定。

(4)用人单位应依法为农民工参加生育保险。

目前我国的生育保险制度还没有普遍建立,各地工作进展不平衡。从各地制定的规定看,有的地区没有将农民工纳入生育保险覆盖范围,有的地区则将农民工纳入了生育保险覆盖范围。如果农民工所在地区将农民工纳入了生育保险覆盖范围,农民工所在单位应按规定为农民工参加生育保险并缴纳生育保险费,符合规定条件的生育农民工依法享受生育保险待遇。

(5)劳动争议与调解处理。

劳动争议,也称劳动纠纷,就是指劳动关系当事人双方(用人单位和劳动者)之间因执行劳动法律、法规或者履行劳动合同以及其他劳动问题而发生劳动权利与义务方面的纠纷。

①劳动争议的范围。劳动争议的内容,是指劳动合同关系中当事人的权利与义务。所以,用人单位与劳动者之间发生的争议不都是劳动争议。只有在争议涉及劳动关系双方当事人在劳动关系中的权利和义务时,它才是劳动争议。劳动争议包括:因开除、除名、辞退职工和职工辞职、自动离职发生的争议;因执行国家有关工资、保险、福利、培训、劳动保护的规定发生的争议;因履行劳动合同发生的争议等。

②劳动争议处理机构。我国的劳动争议处理机构主要有:企业劳动争议调解委员会、各级政府劳动争议仲裁委员会和人民法院。根据《劳动法》等的规定:在用人单位内可以设劳动争议调解委员会,负责调解本单位的劳动争议;在县、市、市辖区应当设立劳动争议仲裁委员会;各级人民法院的民事审判庭负责劳动争议案件的审理工作。

③劳动争议的解决方法。根据我国有关法律、法规的规定,解决劳动争议的方法如下:

a. 协商。劳动争议发生后,双方当事人应当先进行协商,以达成解决方案。

b. 调解。就是企业调解委员会对本单位发生的劳动争议进行调解。从法律、法规的规定看,这并不是必经的程序。但它对于劳动争议的解决却起到很大作用。

c. 仲裁。劳动争议调解不成的,当事人可以向劳动争议仲裁委员会申请仲裁。当事人也可以直接向劳动争议仲裁委员会申请仲裁。当事人从知道或应当知道其权利被侵害之日起 60日内,以书面形式向仲裁委员会申请仲裁。仲裁委员会应当自收到申请书之日起 7 日内做出受理或不予受理的决定。

d. 诉讼。当事人对仲裁裁决不服的,可以自收到仲裁裁决之日起 15 日内向人民法院起诉。人民法院民事审判庭受理和审理劳动争议案件。

④维护自身权益要注意法定时限。劳动者通过法律途径维护自身权益,一定要注意不能超过法律规定的时限。劳动者通过劳动争议仲裁、行政复议等法律途径维护自身合法权益,或者申请工伤认定、职业病诊断与鉴定等,一定要注意在法定的时限内提出申请。如果超过了法定时限,有关申请可能不会被受理,致使自身权益难以得到保护。主要的时限包括:

a. 申请劳动争议仲裁的,应当在劳动争议发生之日(即当事人知道或应当知道其权利被侵害之日)起 60 日内向劳动争议仲裁委员会申请仲裁。

b. 对劳动争议仲裁裁决不服、提起诉讼的,应当自收到仲裁裁决书之日起 15 日内,向人民法院提起诉讼。

c. 申请行政复议的,应当自知道该具体行政行为之日起 60日内提出行政复议申请。

d. 对行政复议决定不服、提起行政诉讼的,应当自收到行政复议决定书之日起 15 日内,向人民法院提起行政诉讼。

e. 直接向人民法院提起行政诉讼的,应当在知道做出具体行政行为之日起 3 个月内提出,法律另有规定的除外。因不可抗力或者其他特殊情况耽误法定期限的,在障碍消除后的 10 日内,可以申请延长期限,由人民法院决定。

f. 申请工伤认定的,所在单位应当自事故伤害发生之日或者被诊断、鉴定为职业病之日起 30 日内,向统筹地区劳动保障行政部门提出工伤认定申请。遇有特殊情况,经报劳动保障行政部门同意,申请时限可以适当延长。用人单位未按前款规定提出工伤认定申请的,工伤职工或者其直系亲属、工会组织在事故伤害发生之日或者被诊断、鉴定为职业病之日起 1 年内,可以直接向用人单位所在地统筹地区劳动保障行政部门提出工伤认定申请。

三、工人健康卫生知识

1. 常见疾病的预防和治疗

(1)流行性感冒。

①流行性感冒的传播方式。流行性感冒简称流感,是由流感病毒引起的一种急性呼吸道传染病。流感的传染源主要是患者,病后 1～7 天均有传染性。流感主要通过呼吸道传播,传染性很强,常引起流行。一般常突然发生,迅速蔓延,患者数多。

提示:发生流行性感冒时应注意与病人保持一定距离,以免被传染。

②流行性感冒的症状。流感的症状与感冒类似,主要是发热及上呼吸道感染症状,如咽痛、鼻塞、流鼻涕、打喷嚏、咳嗽等。流感的全身症状重,而局部症状很轻。

③流行性感冒的预防。

a.最主要的是注射流感疫苗,疫苗应于流感流行前 1～2 个月注射。因流感冬季易发,故常于每年 10 月左右进行注射。

b.应当尽量避免接触病人,流行期间不到人多的地方去。

c.增强身体抵抗力最重要,生活规律、适当锻炼、合理营养、精神愉快非常关键。

d.避免过累、精神紧张、着凉、酗酒等。

(2)细菌性痢疾。

①细菌性痢疾的传播方式。细菌性痢疾(简称菌痢),是夏秋季节最常见的急性肠道传染病,由痢疾杆菌引起,以结肠化脓性炎症为主要病变。菌痢主要通过粪—口途径传播,即患者大便中的痢疾杆菌可以污染手、食物、水、蔬菜、水果等而进入口中引起感染。细菌性痢疾终年均有发生,但多流行于夏秋季节。人群对此病普遍易感,幼儿及青壮年发病率较高。

②细菌性痢疾的症状。细菌性痢疾病情可轻可重,轻者仅有轻度腹泻,重者可有发热、全身不适、乏力、恶心、呕吐、腹痛、腹泻。腹泻次数由一日数次至十数次不等,患者常有老想解大便可总也解不干净的感觉(里急后重),患者大便中常有黏液,重者有脓血。

③细菌性痢疾的预防。

a.做好痢疾患者的粪便、呕吐物的消毒处理,管理好水源,防止病菌污染水源、土壤及农作物;患者使用过的厕所、餐具等也应消毒。

b.不喝生水,不生吃水产品,蔬菜要洗净、炒熟再吃,水果应洗净削皮后食用。

c.养成饭前、便后洗手的习惯,不吃被苍蝇、蟑螂叮咬过或爬过的食物,积极做好灭苍蝇、灭蟑螂工作。

d. 加强体育锻炼，增强体质。

重点：注意个人卫生，养成饭前、便后洗手的习惯。

（3）食物中毒。

①细菌性食物中毒的传播方式。细菌性食物中毒是由于进食被细菌或细菌毒素污染的食物而引起的急性感染中毒性疾病。细菌性食物中毒是典型的肠道传染病，发生原因主要有以下几个方面：

　　a. 食物在宰杀或收割、运输、储存、销售等过程中受到病菌的污染。

　　b. 被致病菌污染的食物在较高的温度下存放，食品中充足的水分、适宜的酸碱度及营养条件使致病菌大量繁殖或产生毒素。

　　c. 食品在食用前未烧透或熟食受到生食交叉污染。

　　d. 在缺氧环境中（如罐头等）肉毒杆菌产生毒素。

②细菌性食物中毒的症状。胃肠型细菌性食物中毒是食物中毒中最常见的一种，是由于食用了被细菌或细菌毒素污染的食物所引起的。绝大多数患者表现为胃肠炎的症状，如恶心、呕吐、腹痛、腹泻、排水样便等。腹泻一天数次到数十次不等，多数是稀水样便，个别人可有黏液血便、血水样便等，极少数患者可以发生败血症。

③细菌性食物中毒的预防。

　　a. 防止食品污染。加强对污染源的管理，做好牲畜屠宰前后的卫生检验，防止感染；对海鲜类食品应加强管理，防止污染其他食品；要严防食品加工、贮存、运输、销售过程中被病原体污染；食品容器、刀具等应严格生熟分开使用，做好消毒工作，防止交叉污染；生产场所、厨房、食堂等要有防蝇、防鼠设备；严格遵守饮食行业和炊事人员的个人卫生制度；患化脓性病症和上呼吸道感染的患者,在治愈前不应参加接触食品的工作。

b. 控制病原体繁殖及外毒素的形成。食品应低温保存或放在阴凉通风处,食品中加盐量达 10% 也可有效控制细菌繁殖及毒素形成。

c. 彻底加热杀灭细菌及破坏毒素。这是防止食物中毒的重要措施,要彻底杀灭肉中的病原体,肉块不应太大,加热时其内部温度可以达到 80℃,这样持续 12min 就可将细菌杀死。

d. 凡是食品在加工和保存过程中有厌氧环境存在,均应防止肉毒杆菌的污染,过期罐头——特别是产气罐头(其盖鼓起)均勿食用。

(4)病毒性肝炎。

①病毒性肝炎的类型。病毒性肝炎是由多种肝炎病毒引起的,以肝脏损害为主的一组全身性传染病。按病原体分类,目前已确定的有甲型肝炎、乙型肝炎、丙型肝炎、丁型肝炎、戊型肝炎。通过实验诊断排除上述类型的肝炎者,称为"非甲—戊型肝炎"。

②病毒性肝炎的传染源。

a. 甲型肝炎无病毒携带状态,传染源为急性期患者和隐性感染者。粪便排毒期在起病前 2 周至血清转氨酶高峰期后 1 周,少数患者延长至病后 30 天。

b. 乙型肝炎属于常见传染病,可通过母婴、血液和体液传播。传染源主要是急、慢性乙型肝炎患者和病毒携带者。急性患者在潜伏期末及急性期有传染性,但不超过 6 个月。慢性患者和病毒携带者作为传染源预防的意义重大。

c. 丙型肝炎的传染源是急、慢性患者和无症状病毒携带者。

d. 丁型肝炎的传染源与乙型肝炎相似。

e. 戊型肝炎的传染源与甲型肝炎相似。

③病毒性肝炎的症状。

a. 疲乏无力、懒动、下肢酸困不适，稍加活动则难以支持。

b. 食欲不振、食欲减退、厌油、恶心、呕吐及腹胀，往往食后加重。

c. 部分病人尿黄、尿色如浓茶，大便色淡或灰白，腹泻或便秘。

d. 右上腹部有持续性腹痛，个别病人可呈针刺样或牵拉样疼痛，于活动、久坐后加重，卧床休息后可缓解，右侧卧时加重，左侧卧时减轻。

e. 医生检查可有肝脏肿大、压痛、肝区叩击痛、肝功能损害，部分病例出现发热及黄疸表现。

f. 血清谷丙转氨酶及血中总胆红素升高有助于诊断，也可进一步做血清免疫学检查及明确肝炎类型。

④病毒性肝炎的预防。病毒性肝炎预防应采取以切断传播途径为重点的综合性措施。

对甲型、戊型肝炎，重点抓好水源保护、饮水消毒、食品加工、粪便管理等，切断粪—口途径传播，注意个人卫生，饭前、便后洗手，不喝生水，生吃瓜果要洗净。对于急性病如甲型和戊型肝炎病人接触的易感人群，应注射人血丙种球蛋白，注射时间越早越好。

对乙型、丙型和丁型肝炎，重点在于防止通过血液和体液的传播，各种医疗及预防注射，应实行一人一针一管，对带血清的污染物应严格消毒，对血液和血液制品应严格检测。对学龄前儿童和密切接触者，应接种乙肝疫苗；乙肝疫苗和乙肝免疫球蛋白联合应用可有效地阻断母婴传播；医务人员在工作中因医疗意外或医疗操作不慎感染乙肝病毒，应立即注射免疫球蛋白。

2. 职业病的预防和治疗

（1）职业病定义。

所谓职业病，是指企业、事业单位和个体经济组织的劳动者在职业活动中，因接触粉尘、放射性物质和其他有毒、有害物质等因素而引起的疾病。对于患职业病的，我国法律规定，应属于工伤，享受工伤待遇。

（2）建筑企业常见的职业病。

①接触各种粉尘引起的尘肺病。

②电焊工尘肺、眼病。

③直接操作振动机械引起的手臂振动病。

④油漆工、粉刷工接触有机材料散发的不良气体引起的中毒。

⑤接触噪声引起的职业性耳聋。

⑥长期超时、超强度地工作，精神长期过度紧张造成相应职业病。

⑦高温中暑等。

（3）职业病鉴定与保障。

劳动者如果怀疑所得的疾病为职业病，应当及时到当地卫生部门批准的职业病诊断机构进行职业病诊断。对诊断结论有异议的，可以在 30 日内到市级卫生行政部门申请职业病诊断鉴定，鉴定后仍有异议的，可以在 15 日内到省级卫生行政部门申请再鉴定。被诊断、鉴定为职业病，所在单位应当自被诊断、鉴定为职业病之日起 30 日内，向统筹地区劳动保障行政部门提出工伤认定申请。

提示：劳动者日常需要注意收集与职业病相关的材料。

（4）职业病的诊断。

根据《中华人民共和国职业病防治法》(以下简称《职业病防治法》)和《职业病诊断与鉴定管理办法》的有关规定,具体程序为:

①职业病诊断应当由省级以上人民政府卫生行政部门批准的医疗卫生机构承担,劳动者可以在用人单位所在地或者本人居住地依法承担职业病诊断的医疗卫生机构进行职业病诊断。

②当事人申请职业病诊断时应当提供以下材料:

a.职业史、既往史。

b.职业健康监护档案复印件。

c.职业健康检查结果。

d.工作场所历年职业病危害因素检测、评价资料。

e.诊断机构要求提供的其他必需的有关材料。

③职业病诊断应当依据职业病诊断标准,结合职业病危害接触史、工作场所职业病危害因素检测与评价、临床表现和医学检查结果等资料,综合做出分析。

④职业病诊断机构在进行职业病诊断时,应当组织三名以上取得职业病诊断资格的执业医师进行集体诊断。

⑤职业病诊断机构做出职业病诊断后,应当向当事人出具职业病诊断证明书。职业病诊断证明书应当明确是否患有职业病,对患有职业病的,还应当载明所患职业病的名称、程度(期别)、处理意见和复查时间。

⑥当事人对职业病诊断有异议的,在接到职业病诊断证明书之日起30日内,可以向做出诊断的医疗卫生机构所在地的市级卫生行政部门申请鉴定。

⑦当事人申请职业病诊断鉴定时,应当提供以下材料:

a.职业病诊断鉴定申请书。

b.职业病诊断证明书。

c. 其他有关资料。职业病诊断鉴定办事机构应当自收到申请资料之日起 10 日内完成材料审核,对材料齐全的发给受理通知书;材料不全的,通知当事人补充。职业病诊断鉴定办事机构应当在受理鉴定之日起 60 日内组织鉴定。

⑧鉴定委员会应当认真审查当事人提供的材料,必要时可听取当事人的陈述和申辩,对被鉴定人进行医学检查,对被鉴定人的工作场所进行现场调查取证。

⑨职业病诊断鉴定书应当包括以下内容:

a. 劳动者、用人单位的基本情况及鉴定事由。

b. 参加鉴定的专家情况。

c. 鉴定结论及其依据,如果为职业病,应当注明职业病名称、程度(期别)。

d. 鉴定时间。职业病诊断鉴定书应当于鉴定结束之日起 20 日内由职业病诊断鉴定办事机构发送给当事人。

(5)劳动者有权利拒绝从事容易发生职业病的工作。

劳动者依法享有保持自己身体健康的权利,因此,对于是否选择从事存在职业病危害的工作,应当由劳动者依照其自己的意愿决定。而要使劳动者能够自行决定是否选择从事该工作,就应当保证劳动者对相关工作内容以及其可能带来的危害有一定的了解。正因为如此,《职业病防治法》规定:"用人单位与劳动者订立劳动合同(含聘用合同,下同)时,应当将工作过程中可能产生的职业病危害及其后果、职业病防护措施和待遇等如实告知劳动者,并在劳动合同中写明,不得隐瞒或者欺骗。""劳动者在已订立劳动合同期间因工作岗位或者工作内容变更,从事与所订立劳动合同中未告知的存在职业病危害的作业时,用人单位应当依照前款规定,向劳动者履行如实告知的义务,并协商变更原劳动合同相关条款。""用人单位违反前两款规定的,劳动者有权拒绝从事存在职业病危害的作业,用人单位不得因此解除或者终止与劳动者所订立的劳动合同。"

另外,根据《职业病防治法》的规定,用人单位违反本规定,订立或者变更劳动合同时,未告知劳动者职业病危害真实情况的,由卫生行政部门责令限期改正,给予警告,可以并处2万元以上5万元以下的罚款。

根据前述规定,如果用人单位没有将工作过程中可能产生的职业病危害及其后果、职业病防护措施和待遇等如实告知劳动者,并在劳动合同中写明,那么劳动者就有权利拒绝从事存在职业病危害的作业,并且用人单位不得因劳动者拒绝从事该作业而解除或者终止劳动者的劳动合同。

(6)患职业病的劳动者有权获得相应的保障。

①患职业病的劳动者有权利获得职业保障。《中华人民共和国劳动合同法》规定,用人单位以下情形不得解除劳动合同:

a.患职业病或者因工负伤并确认丧失或者部分丧失劳动能力的。

b.患病或者负伤,在规定的医疗期内的。职业病病人依法享受国家规定的职业病待遇,用人单位对不适宜继续从事原工作的职业病病人,应当调离原岗位,并妥善安置。

②患职业病的劳动者有权利获得医疗保障。《职业病防治法》规定:"职业病病人依法享受国家规定的职业病待遇。用人单位应当按照国家有关规定,安排职业病病人进行治疗、康复和定期检查。"

③患职业病的劳动者有权利获得生活保障。《职业病防治法》规定:"劳动者被诊断患有职业病,但用人单位没有依法参加工伤社会保险的,其医疗和生活保障由最后的用人单位承担。"

④患职业病的劳动者有权利依法获得赔偿。职业病病人除依法享有工伤社会保险外,依照有关民事法律,尚有获得赔偿的权利的,有权向用人单位提出赔偿要求。

(7)职工患职业病后的一次性处理规定。

职工患病后,应当先行治疗,然后进行职业病的诊断和鉴定。如果职工按照《职业病防治法》规定被诊断、鉴定为职业病,必须向劳动保障行政部门提出工伤认定申请,由劳动保障行政部门做出工伤认定。如果职工经治疗伤情相对稳定后存在残疾、影响劳动能力的,还应当进行劳动能力鉴定。最后职工才可按照《工伤保险条例》规定的标准享受工伤保险待遇。

以上程序是职工患职业病后享受工伤待遇所必需的,是切实保障职工合法权益的基础。但在实际生活中,一些用人单位和职工由于不懂工伤法律或者怕麻烦、图省事,在职工患病后就直接约定进行一次性工伤补助,这种做法是不可取的。当然,如果工伤职工愿意,待治愈或病情稳定做出工伤伤残等级鉴定后,可参照有关工伤的规定依法与企业达成一次性领取工伤待遇的相关协议。

(8)治疗职业病的有关费用支付。

首先应当明确的是,检查、治疗、诊断职业病的,劳动者本人不承担相关费用。这些费用依照规定,应当由用人单位负担或者从工伤保险基金中支付。

①职业健康检查费用由用人单位承担。

②救治急性职业病危害的劳动者,或者进行健康检查和医学观察,所需费用由用人单位承担。

③职业病诊断鉴定费用由用人单位承担。

④因职业病进行劳动能力鉴定的,鉴定费从工伤保险基金中支付。

⑤因职业病需要治疗的,相关费用按照工伤的规定处理。

还需要说明的是,不管是职业病还是其他原因发生的工伤,都必须进行彻底的治疗,相关的费用不管花了多少,都应当依法予以报销,即"工伤索赔上不封顶"。

(9)劳动者在职业病防治中须承担的义务。

①认真接受用人单位的职业卫生培训,努力学习和掌握必要的职业卫生知识。

②遵守职业卫生法规、制度、操作规程。

③正确使用与维护职业危害防护设备及个人防护用品。

④及时报告事故隐患。

⑤积极配合上岗前、在岗期间和离岗时的职业健康检查。

⑥如实提供职业病诊断、鉴定所需的有关资料等。

重点:熟知职业安全卫生警示标志,禁止不安全的操作行为,正确使用个人防护用品。

(10)建筑企业常见职业病及预防控制措施。

①接触各种粉尘引起的尘肺病预防控制措施。

作业场所防护措施:加强水泥等易扬尘的材料的存放处、使用处的扬尘防护,任何人不得随意拆除,在易扬尘部位设置警示标志。

个人防护措施:落实相关岗位的持证上岗,给施工作业人员提供扬尘防护口罩,杜绝施工操作人员的超时工作。

②电焊工尘肺、眼病的预防控制措施。

作业场所防护措施:为电焊工提供通风良好的操作空间。

个人防护措施:电焊工必须持证上岗,作业时佩戴有害气体防护口罩、眼睛防护罩,杜绝违章作业,采取轮流作业,杜绝施工操作人员的超时工作。

③直接操作振动机械引起的手臂振动病的预防控制措施。

作业场所防护措施:在作业区设置预防职业病警示标志。

个人防护措施:机械操作工要持证上岗,提供振动机械防护手套,延长换班休息时间,杜绝作业人员的超时工作。

④油漆工、粉刷工接触有机材料散发不良气体引起的中毒预防控制措施。

作业场所防护措施:加强作业区的通风排气措施。

个人防护措施:相关工种持证上岗,给作业人员提供防护口罩,轮流作业,杜绝作业人员的超时工作。

⑤接触噪声引起的职业性耳聋的预防控制措施。

作业场所防护措施:在作业区设置防职业病警示标志,对噪声大的机械加强日常保养和维护,减少噪声污染。

个人防护措施:为施工操作人员提供劳动防护耳塞轮流作业,杜绝施工操作人员的超时工作。

⑥长期超时、超强度地工作,精神长期过度紧张所造成相应职业病的预防控制措施。

作业场所防护措施:提高机械化施工程度,减小工人劳动强度,为职工提供良好的生活、休息、娱乐场所,加强施工现场文明施工。

个人防护措施:不盲目抢工期,即使抢工期也必须安排充足的人员能够按时换班作业,采取 8h 作业换班制度,及时发放工人工资,稳定工人情绪。

⑦高温中暑的预防控制措施。

作业场所防护措施:在高温期间,为职工备足饮用水或绿豆汤、防中暑药品、器材。

个人防护措施:减少工人工作时间,尤其是延长中午休息时间。

提示:工作场所自觉做好个人安全防护。

四、工地施工现场急救知识

施工现场急救基本常识主要包括应急救援基本常识、触电急救知识、创伤救护知识、火灾急救知识、中毒及中暑急救知识以及传染病急救措施等，了解并掌握这些现场急救基本常识，是做好安全工作的一项重要内容。

1. 应急救援基本常识

（1）施工企业应建立企业级重大事故应急救援体系，以及重大事故救援预案。

（2）施工项目应建立项目重大事故应急救援体系，以及重大事故救援预案；在实行施工总承包时，应以总承包单位事故预案为主，各分包队伍也应有各自的事故救援预案。

（3）重大事故的应急救援人员应经过专门的培训，事故的应急救援必须有组织、有计划地进行；严禁在未清楚事故情况下，盲目救援，以免造成更大的伤害。

（4）事故应急救援的基本任务：

①立即组织营救受害人员，组织撤离或者采取其他措施保护危害区域内的其他人员。

②迅速控制事态，并对事故造成的危害进行检测、监测，测定事故的危害区域、危害性质及危害程度。

③消除危害后果，做好现场恢复。

④查清事故原因，评估危害程度。

2. 触电急救知识

触电者的生命能否获救，在绝大多数情况下取决于能否迅速脱离电源和正确地实行人工呼吸和心脏按摩。拖延时间、动作迟缓或救护不当,都可能造成人员伤亡。

(1)脱离电源的方法。

①发生触电事故时,附近有电源开关和电流插销的,可立即将电源开关断开或拔出插销;但普通开关(如拉线开关、单极按钮开关等)只能断一根线,有时不一定关断的是相线,所以不能认为是切断了电源。

②当有电的电线触及人体引起触电,不能采用其他方法脱离电源时,可用绝缘的物体(如干燥的木棒、竹竿、绝缘手套等)将电线移开,使人体脱离电源。

③必要时可用绝缘工具(如带绝缘柄的电工钳、木柄斧头等)切断电线,以切断电源。

④应防止人体脱离电源后造成的二次伤害,如高处坠落、摔伤等。

⑤对于高压触电,应立即通知有关部门停电。

⑥高压断电时,应戴上绝缘手套,穿上绝缘鞋,用相应电压等级的绝缘工具切断开关。

(2)紧急救护基本常识。

根据触电者的情况,进行简单的诊断,并分别处理:

①病人神志清醒,但感到乏力、头昏、心悸、出冷汗,甚至有恶心或呕吐症状。此类病人应使其就地安静休息,减轻心脏负担,加快恢复;情况严重时,应立即小心送往医院检查治疗。

②病人呼吸、心跳尚存在,但神志昏迷。此时,应将病人仰卧,周围空气要流通,并注意保暖;除了要严密观察外,还要做好人工呼吸和心脏挤压的准备工作。

③如经检查发现,病人处于"假死"状态,则应立即针对不同类型的"假死"进行对症处理:如果呼吸停止,应用口对口的人工呼吸法来维持气体交换;如心脏停止跳动,应用体外人工心脏挤

压法来维持血液循环。

a. 口对口人工呼吸法：病人仰卧、松开衣物——清理病人口腔阻塞物——病人鼻孔朝天、头后仰——捏住病人鼻子贴嘴吹气——放开嘴鼻换气，如此反复进行，每分钟吹气12次，即每5s吹气1次。

b. 体外心脏挤压法：病人仰卧硬板上——抢救者用手掌对病人胸口凹膛——掌根用力向下压——慢慢向下——突然放开，连续操作，每分钟进行60次，即每秒一次。

c. 有时病人心跳、呼吸停止，而急救者只有一人时，必须同时进行口对口人工呼吸和体外心脏挤压，此时，可先吹两次气，立即进行挤压15次，然后再吹两次气，再挤压，反复交替进行。

3. 创伤救护知识

创伤分为开放性创伤和闭合性创伤。开放性创伤是指皮肤或黏膜的破损，常见的有：擦伤、切割伤、撕裂伤、刺伤、撕脱、烧伤；闭合性创伤是指人体内部组织损伤，而皮肤黏膜没有破损，常见的有：挫伤、挤压伤。

（1）开放性创伤的处理。

①对伤口进行清洗消毒可用生理盐水和酒精棉球，将伤口和周围皮肤上沾染的泥沙、污物等清理干净，并用干净的纱布吸收水分及渗血，再用酒精等药物进行初步消毒。在没有消毒条件的情况下，可用清洁水冲洗伤口，最好用流动的自来水冲洗，然后用干净的布或敷料吸干伤口。

②止血。对于出血不止的伤口，能否做到及时有效地止血，对伤员的生命安危影响较大。在现场处理时，应根据出血类型和部位不同采用不同的止血方法：直接压迫——将手掌通过敷

料直接加压在身体表面的开放性伤口的整个区域;抬高肢体——对于手、臂、腿部严重出血的开放性伤口都应抬高,使受伤肢体高于心脏水平线;压迫供血动脉——手臂和腿部伤口的严重出血,如果应用直接压迫和抬高肢体仍不能止血,就需要采用压迫点止血技术;包扎——使用绷带、毛巾、布块等材料压迫止血,保护伤口,减轻疼痛。

③烧伤的急救。应先去除烧伤源,将伤员尽快转移到空气流通的地方,用较干净的衣服把伤面包裹起来,防止再次污染;在现场,除了化学烧伤可用大量流动清水冲洗外,对创面一般不做处理,尽量不弄破水泡,保护表皮。

(2)闭合性创伤的处理。

①较轻的闭合性创伤,如局部挫伤、皮下出血,可在受伤部位进行冷敷,以防止组织继续肿胀,减少皮下出血。

②如发现人员从高处坠落或摔伤等意外时,要仔细检查其头部、颈部、胸部、腹部、四肢、背部和脊椎,看看是否有肿胀、青紫、局部压疼、骨摩擦声等其他内部损伤。假如出现上述情况,不能对患者随意搬动,需按照正确的搬运方法进行搬运;否则,可能造成患者神经、血管损伤并加重病情。

现场常用的搬运方法有:担架搬运法——用担架搬运时,要使伤员头部向后,以便后面抬担架的人可随时观察其变化;单人徒手搬运法——轻伤者可扶着走,重伤者可让其伏在急救者背上,双手绕颈交叉垂下,急救者用双手自伤员大腿下抱住伤员大腿。

③如怀疑有内伤,应尽早使伤员得到医疗处理;运送伤员时要采取卧位,小心搬运,注意保持呼吸道畅通,注意防止休克。

④运送过程中,如突然出现呼吸、心跳骤停时,应立即进行

人工呼吸和体外心脏挤压法等急救措施。

4.火灾急救知识

一般地说,起火要有三个条件,即可燃物(木材、汽油等)、助燃物(氧气等)和点火源(明火、烟火、电焊花等)。扑灭初起火灾的一切措施,都是为了破坏已经产生的燃烧条件。

(1)火灾急救的基本要点。

施工现场应有经过训练的义务消防队,发生火灾时,应由义务消防队急救,其他人员应迅速撤离。

①及时报警,组织扑救。全体员工在任何时间、地点,一旦发现起火都要立即报警,并在确保安全前提下参与和组织群众扑灭火灾。

②集中力量,主要利用灭火器材,控制火势,集中灭火力量在火势蔓延的主要方向进行扑救,以控制火势蔓延。

③消灭飞火,组织人力监视火场周围的建筑物、露天物资堆放场所的未尽飞火,并及时扑灭。

④疏散物资,安排人力和设备,将受到火势威胁的物资转移到安全地带,阻止火势蔓延。

⑤积极抢救被困人员。人员集中的场所发生火灾,要有熟悉情况的人做向导,积极寻找和抢救被困的人员。

(2)火灾急救的基本方法。

①先控制,后消灭。对于不可能立即扑灭的火灾,要先控制火势,具备灭火条件时再展开全面进攻,一举消灭。

②救人重于救火。灭火的目的是为了打开救人通道,使被困的人员得到救援。

③先重点,后一般。重要物资和一般物资相比,先保护和抢救重要物资;火势蔓延猛烈方面和其他方面相比,控制火势蔓延

的方面是重点。

④正确使用灭火器材。水是最常用的灭火剂,取用方便,资源丰富,但要注意水不能用于扑救带电设备的火灾。各种灭火器的用途和使用方法如下:

酸碱灭火器:倒过来稍加摇动或打开开关,药剂喷出。适用于扑救油类火灾。

泡沫灭火器:把灭火器筒身倒过来,打开保险销,把喷管口对准火源,拉出拉环,即可喷出。适合于扑救木材、棉花、纸张等火灾,不能扑救电气、油类火灾。

二氧化碳灭火器:一手拿好喇叭筒对准火源,另一手打开开关既可。适合于扑救贵重仪器和设备,不能扑救金属钾、钠、镁、铝等物质的火灾。

干粉灭火器:打开保险销,把喷管口对准火源,拉出拉环,即可喷出。适用于扑救石油产品、油漆、有机溶剂和电气设备等火灾。

⑤人员撤离火场途中被浓烟围困时,应采取低姿势行走或匍匐穿过浓烟,有条件时可用湿毛巾等捂住嘴鼻,以便顺利撤出烟雾区;如无法进行逃生,可向建筑物外伸出衣物或抛出小物件,发出求救信号引起注意。

⑥进行物资疏散时应将参加疏散的员工编成组,指定负责人首先疏散通道,其次疏散物资,疏散的物资应堆放在上风向的安全地带,不得堵塞通道,并要派人看护。

5. 中毒及中暑急救知识

施工现场发生的中毒主要有食物中毒、燃气中毒及毒气中毒;中暑是指人员因处于高温高热的环境而引起的疾病。

(1)食物中毒的救护。

①发现饭后有多人呕吐、腹泻等不正常症状时,尽量让病人大量饮水,刺激喉部使其呕吐。

②立即将病人送往就近医院或打 120 急救电话。

③及时报告工地负责人和当地卫生防疫部门,并保留剩余食品以备检验。

(2)燃气中毒的救护。

①发现有人煤气中毒时,要迅速打开门窗,使空气流通。

②将中毒者转移到室外实行现场急救。

③立即拨打 120 急救电话或将中毒者送往就近医院。

④及时报告有关负责人。

(3)毒气中毒的救护。

①在井(地)下施工中有人发生毒气中毒时,井(地)上人员绝对不要盲目下去救助;必须先向出事点送风,救助人员装备齐全安全保护用具,才能下去救人。

②立即报告工地负责人及有关部门,现场不具备抢救条件时,应及时拨打 110 或 120 电话求救。

(4)中暑的救护。

①迅速转移。将中暑者迅速转移至阴凉通风的地方,解开衣服,脱掉鞋子,让其平卧,头部不要垫高。

②降温。用凉水或 50%酒精擦其全身,直到皮肤发红、血管扩张以促进散热。

③补充水分和无机盐类。能饮水的患者应鼓励其喝足量盐开水或其他饮料,不能饮水者,应予静脉补液。

④及时处理呼吸、循环衰竭。呼吸衰竭时,可注射尼可刹明或山梗茶硷;循环衰竭时,可注射鲁明那钠等镇静药。

⑤医疗条件不完善时,应对患者严密观察,精心护理,送往附近医院进行抢救。

6.传染病急救措施

由于施工现场的人员较多,如果控制不当,容易造成集体感染传染病。因此需要采取正确的措施加以处理,防止大面积人员感染传染病。

(1)如发现员工有集体发烧、咳嗽等不良症状,应立即报告现场负责人和有关主管部门,对患者进行隔离加以控制,同时启动应急救援方案。

(2)立即把患者送往医院进行诊治,陪同人员必须做好防护隔离措施。

(3)对可能出现病因的场所进行隔离、消毒,严格控制疾病的再次传播。

(4)加强现场员工的教育和管理,落实各级责任制,严格履行员工进出现场登记手续,做好病情的监测工作。

参 考 文 献

[1] 中华人民共和国住房和城乡建设部.建筑装饰装修工程质量验收规范
　　(GB 50210—2001)[S].北京:中国建筑工业出版社,2001.

[2] 建设部干部学院.镶贴工.[M].武汉:华中科技大学出版社,2009.

[3] 建筑工人职业技能培训教材编委会.抹灰工(第二版)[M].北京:中国
　　建筑工业出版社,2015.

[4] 中华人民共和国住房和城乡建设部.住宅装饰装修工程施工规范(GB
　　50327—2001)[S].北京:中国建筑工业出版社,2001.

[5] 中华人民共和国住房和城乡建设部.建筑施工安全技术统一规范(GB
　　50870—2013)[S].北京:中国建筑工业出版社,2014.

[6] 建设部人事教育司.抹灰工[M].北京:中国建筑工业出版社,2002.